管廷贤　刘兴义　张云玲　◎主编

# 新疆博乐草原 有毒有害 植物图鉴

中国林业出版社
China Forestry Publishing House

**图书在版编目（ＣＩＰ）数据**

新疆博乐草原有毒有害植物图鉴 / 管廷贤，刘兴义，张云玲主编. -- 北京 ：中国林业出版社，2023.4
　　ISBN 978-7-5219-2128-1

　　Ⅰ．①新… Ⅱ．①管… ②刘… ③张… Ⅲ．①草原－有毒植物－博乐－图集②草原－有害植物－博乐－图集 Ⅳ．①S45-64

中国国家版本馆CIP数据核字(2023)第005135号

策划编辑：李　顺
责任编辑：薛瑞琦　李　顺　王思源
封面设计：视美藝術設計

出版发行：中国林业出版社
　　　　（100009，北京市西城区刘海胡同7号，电话83223120）
电子邮箱：cfphzbs@163.com
网址：www.forestry.gov.cn/lycb.html
印刷：北京博海升彩色印刷有限公司
版次：2023年4月第1版
印次：2023年4月第1次
开本：889mm×1194mm　1/16
印张：16.5
字数：200千字
定价：298.00元

# 《新疆博乐草原有毒有害植物图鉴》编委会

主　编：管廷贤　　　　　新疆博乐市草原工作站
　　　　刘兴义　　　　　新疆博乐市草原工作站
　　　　张云玲　　　　　新疆维吾尔自治区草原总站
副主编：田新春　　　　　新疆维吾尔自治区草原总站
　　　　邵　路　　　　　博尔塔拉蒙古自治州林业和草原局
　　　　靳　茜　　　　　博尔塔拉蒙古自治州草原工作站
编　委：（以下排名不分先后）
　　　　侯钰荣　　　　　新疆畜牧科学院草业研究所
　　　　萨依拉·胡斯满　　新疆精河县草原工作站
　　　　黎玉兰　　　　　博乐市农业技术推广中心
　　　　柯　梅　　　　　新疆畜牧科学院草业研究所
　　　　兰吉勇　　　　　新疆畜牧科学院草业研究所
　　　　魏　鹏　　　　　新疆畜牧科学院草业研究所
　　　　董乙强　　　　　新疆农业大学草业学院
　　　　杨　旗　　　　　新疆博乐市畜牧兽医站
　　　　董建芳　　　　　新疆地质环境监测院
　　　　张希永　　　　　新疆温泉县草原工作站
　　　　迪丽努尔　　　　新疆博乐市草原工作站
　　　　李　军　　　　　新疆喀什地区草原站
　　　　布仁代　　　　　新疆精河县草原工作站
　　　　张　欢　　　　　南京农业大学
　　　　王雨航　　　　　石河子大学
　　　　马合超　　　　　新疆博乐市草原工作站
　　　　巴依卡　　　　　新疆博乐市林业工作站
　　　　王　杰　　　　　新疆博乐市草原工作站
　　　　哈西其其格　　　新疆博乐市草原工作站
　　　　孙崇平　　　　　新疆博乐市草原工作站
　　　　刘海建　　　　　博乐市金秋农业服务中心
　　　　常逸辰　　　　　江汉大学
　　　　刘玉梅　　　　　博乐市金秋农业服务中心
　　　　丛海泉　　　　　新疆温泉县草原工作站

# 序

　　有毒有害植物是具有特殊含义的植物，是植物资源不可分割的一部分，也是草原植物资源的组成部分。有毒植物一般指能造成人、牲畜或其他某些动物死亡或机体长期性或暂时性伤害的植物；有害植物本身并不含有毒物质，但因植物体形态结构特点或含有特殊物质，能造成牲畜机械损伤或畜产品变质的植物。人们对有毒有害植物的认识源于生产生活实践，中国现已记载有毒有害植物约 1500 种。这些植物与人们生产生活紧密关联，在生态环境保护与建设、农牧业生产、卫生事业发展等方面具有重要作用。因此，人们要充分认识和科学利用这些植物，充分发挥其在国民经济建设中应有的作用。

　　新疆地域辽阔，约占全国总面积的1/6；草原面积5725.87hm²，居全国第三位。新疆草原植物种类丰富，《新疆植物志》记载有植物4300余种，《新疆植物志》《新疆草地资源及其利用》记录的有毒有害植物约120种。由于植物种类众多，有毒有害植物又涉及诸多学科与专业领域，导致有毒有害植物研究非常困难，目前，新疆尚无一部比较系统的有毒有害植物专著，给人们生产生活带来了一定困扰。

　　博乐市地名源于博尔塔拉河名，最早的记载是公元 12 世纪耶律大石建西辽后所建的"孛罗城"；清代诗人洪亮吉曾写下名句"西来之异境，世外之灵壤"赞美博乐。博乐市是博尔塔拉蒙古自治州首府所在地，"博尔塔拉"蒙古语意为"银灰色的草原"。博乐市北有阿拉套山，南有岗吉格山，博尔塔拉河穿市而过。境内既有新疆海拔最高、面积最大，被称为"大西洋最后一滴眼泪"的国家 5A 级风景名胜区——赛里木湖；也有山水清秀、气候宜人的避暑胜地——

哈日图热格国家级森林公园；还有山深林幽、风景如画，被称为"最后一片净土"的夏尔希里国家级自然保护区。复杂的自然地理条件孕育了多样的天然草原资源类型，也孕育了种类繁多的植物种质资源。据统计，博乐市已记录植物1600余种。

《新疆博乐草原有毒有害植物图鉴》是博乐市、博尔塔拉蒙古自治州相关单位技术人员联合新疆维吾尔自治区科研院所、高等院校草原工作者历时10年时间，在对博乐市草原资源全面调查并查阅1000余份文献以及访问牧民后完成的。该书是新疆第一部较系统论述草原有毒有害植物的专著，书中所收录的有毒有害植物知识多数是作者多年工作的积累。该书内容翔实丰富，图文并茂，收录了博乐市主要有毒有害植物232种。为广大林草、农牧、生态保护、医药、园林等领域工作人员提供了一本实用的工具书，并为进一步研究新疆有毒有害植物及其科学利用方法提供了大量资料，具有较强的科学性和科普性。

本人长期从事新疆草地资源和草地植物的教学与研究工作，始终挚爱着新疆的这片草原；也曾多次与本书的撰写者们一起深入博乐市的山山水水，考察草地和植物资源。本书的作者多是我的学生，作为老师，为学生们的努力和成就感到骄傲和自豪。故将此书推荐给读者并乐意为之作序。

新疆农业大学

2022年11月

# 前　言

　　新疆地处祖国西北，这里有连绵起伏的阿尔泰山，有美不胜收的天山，还有巨蟒蜿蜒的昆仑山；有我国最大的沙漠塔克拉玛干沙漠，有我国最大的盆地塔里木盆地，还有我国最丰富的矿产资源。这里有巍峨壮丽的山脉，有雄伟壮观的现代冰川，还有"西来之异境，世外之灵壤"之称的博乐市，绝佳的位置造就了这里的物华天宝、人杰地灵。博乐市位于新疆天山北麓西段，准噶尔盆地西缘，这里有新疆海拔最高、面积最大、被称为"大西洋最后一滴眼泪"的国家5A级风景名胜区赛里木湖，有山水清秀、气候宜人的避暑胜地国家级森林公园哈日图热格，还有山深林幽、风景如画、被称为"最后一片净土"的夏尔希里自然保护区。多样的自然地理条件孕育了丰富的天然草原资源，同时也孕育了种类繁多的植物资源，截至目前，博乐市已发现植物1600余种。

　　植物是草原的基本单位，有毒有害植物又是植物资源的重要组成部分，与草原保护、农牧业生产、林业生产、医药开发、食品开发、园林绿化等关系密切。但由于植物种类众多，其中有毒有害植物又涉及植物学、化学、毒理学、药理学等诸多学科与专业领域，导致有毒有害植物研究非常困难。截至目前，国内有毒有害植物的研究文献相对较少，尚没有一个县（市）出版过此类专著。由于草原有毒有害植物与农牧区牧业生产生活息息相关，而且对于中草药、园林绿化等也是非常重要的植物资源，而识别这些有毒有害植物则是更为重要，因此亟需出版一本草原有毒有害植物图鉴，用于提高专业和非专业人员辨识有毒有害植物的能力，保障人们健康，便于农牧业生产等。

　　新疆博乐市草原工作站为解决当前有毒有害植物对生产生活带来的困难，联合了新疆维吾尔自治区草原总站、新疆畜牧科学院草业研究所、博尔塔拉蒙古自治州草原工作站等单位，查找了国内外有毒有害植物有关文献，在2014—2016年博乐市草地植物资源调查、2018—2021年博乐有毒有害植物调查基础上，采集了有毒有害植物标本，拍摄了植物图像信息，在国内众多老师的帮助与支持下，《新疆博乐草原有毒有害植物图鉴》终于面世。

　　本书以图文并茂的方式，展示博乐市草原主要有毒有害植物，共收录了博乐市主要有毒有害植物种类232种（含变种2种）。其中，蕨类植物3种，裸子植物6种，被子植物223种，隶属于38科116属。在科的排列方式上，蕨类植物按照秦仁昌系统（1978年）排列，裸子植物按照郑万钧系统（1978年）排列，被子植物按照恩格勒系统（1936年）排序。采用上述系统，只是为了方便应用，并不反映编著者的观点。本书中植物的科属中文名、拉丁名主要依据图书《新疆植物志》《中国植物志》及《中国维管植物科属词典》。图片大多涵盖了植物全株、花、果、叶和其他关键鉴定部位。

本书是在新疆博乐市草原工作站、新疆维吾尔自治区草原总站、新疆畜牧科学院草业研究所、博尔塔拉蒙古自治州草原工作站等单位的共同努力下完成。本书在撰写过程中，得到了"博乐市2021年天山和阿尔泰山森林草原保护项目"资金支持，得到了新疆维吾尔自治区林业和草原局闫凯农业技术推广研究员、新疆维吾尔自治区草原总站顾祥研究员、新疆农业大学安沙舟教授、西北农林科技大学赵宝玉教授、新疆畜牧科学院草业研究所李学森研究员、石河子大学阎平教授等的大力支持与帮助。在此，谨向以上单位和个人致以最真挚的感谢！

本书的植物图片由编著者共同拍摄，主要摄影者有管廷贤、张云玲、刘兴义、王杰等，部分图片由尹林克、曹秋梅、李文军、王喜勇、周繇、张挺、侯翼国等提供，封面、封底等照片由苏颖君提供，在此表示感谢！

本次调查是目前国内第一个全面开展有毒有害植物综合普查的县（市），本书收录的植物是依据调查已采集植物标本、图片进行收录。一是由于天然草原有毒植物调查可依据参考资料少，根据现有资料不能确定已采集的其他植物是否有毒；二是受新型冠状病毒肺炎疫情影响，部分区域未能开展有毒有害植物普查，部分有毒有害植物未能收录；三是部分有毒有害植物采集到了标本，但未进行拍照；四是个别有毒有害植物是根据目前博乐市已调查植物文献获取，未采集到实物标本；五是报告中描述的有毒有害植物分布草地类型是根据2014年以前博乐市调查到草地类型编制，可能不能完全涵盖每种有毒有害植物分布全部草地类型。

由于编者水平和编著时间有限，书中难免有错误和不足之处，恳请读者提出宝贵意见，以便今后再版时得以修正。

编者

2022年11月15日

# 目 录

# 第一章
博乐市草原有毒有害植物概述

## 第一节　博乐市地理位置

博乐市位于天山山脉西段北麓、准噶尔盆地西南缘，位于东经80°39′~82°44′，北纬44°21′~45°23′，南部与伊犁哈萨克自治州霍城县和尼勒克县毗邻，东部与精河县连接，西部与温泉县相连，北部与哈萨克斯坦共和国接壤，国境线长119km。全市东西长164.7km，南北宽117.5km，总面积7790.24km²（含新疆生产建设兵团第五师和阿拉山口市）。

## 第二节　博乐市天然草原概述

博乐市草地面积5674.47km²，占本市土地总面积的72.84%，境内草原植被垂直带分布明显，北有阿拉套山，中有岗吉格山，南有天山北坡西段支脉库色木契克山和科古尔琴山，三山中有博尔塔拉河谷地和四台谷地，境内海拔192~4178m。主要草地大类为低地草甸类草地、温性荒漠类草地、温性草原化荒漠类草地、温性荒漠草原类草地、温性草原类草地、温性草甸草原类草地、山地草甸类草地、高寒草甸类草地，局部地带有小面积沼泽类草地分布。主要草地类型有角果藜型，羊茅、博洛塔绢蒿型，木本猪毛菜、驼绒藜型，草原糙苏、铁杆蒿、禾草型，博洛塔绢蒿型，梭梭、博洛塔绢蒿、驼绒藜型，禾草、杂类草型，羊茅、苔草、杂类草型等。

## 第三节　博乐市草原有毒有害植物资源概述

### 一、有毒有害植物概述

有毒植物一般是指"凡有中毒实例或实验证实有可能通过食入、接触或其他途径进入机体，造成人、家畜或其他某些动物死亡或机体长期性或暂时性伤害的植物"。绝大部分有毒植物的成分是在植物体内代谢生成的，也有一些是植物本身可以富集某些特殊化学成分产生毒害作用，这些植物均属于有毒植物。有毒植物是植物资源的重要组成部分，与农牧业、医药业等关系密切。人类对有毒植物的认识来源于生产实践，明代李时珍《本草纲目》中已记载有毒植物150多种。后来，通过不断发现，中国现已记载有毒植物约1400种，隶属于140科。

有害植物本身并不含有毒物质，但因植物体的形态结构特点，有些能造成家畜机械损伤，如针茅属、刺旋花属植物；有些会导致畜产品品质降低，如锦鸡儿属、蔷薇属、水杨梅属、木蓼属、蓟属植物；有些含有特殊物质，家畜采食后能使畜产品变质，如葱属、大蒜芥属、独行菜属植物。这些植物因其茎、叶或其他器官部位带有的芒、刺、钩等附属物造成家畜机械损伤，或体内含有某种化学物质能降低畜产品质量、使畜产品变质，因而都归为有害植物之列。

### 二、有毒有害植物资源基本情况

博乐市复杂的地貌和多样化的气候条件，孕育了博乐市丰富的草地类型，虽然它们的生产能力差异很大，但在区域生态经济的发展中也起了重要作用。博乐市远离海洋，高山环绕，来自海洋的水分在长途输送过程中逐渐减少，气候极端干燥，有毒植物在这样的生态环境中种类相对贫乏，但开发潜力巨大。

博乐市草地主要有毒有害植物有232种，隶属于38科116属（表1），在这些有毒有害植物中，含10种以上有毒有害植物有7科57属133种，分别为毛茛科、豆科、菊科、蔷薇科、藜科、百合科、蓼科，占总属数的49.14%，占总种数的57.33%。其中沼泽类草地分布23种，低地草甸类草地分布68种，温性荒漠类草地分布50种，温性草原化荒漠类草地分布42种，温性荒漠草原类草地分布48种，温性草原类草地分布76种，温性草甸草原类草地分布108种，山地草甸类草地分布102种，高寒草甸类草地分布12种，农区分布55种。

有毒有害植物种类最多的是温性草甸草原类草地，共有108种；最少的是高寒草甸类草地，仅有12种。造成这种结果的原因主要是自然条件不同、自然环境条件差别较大，不同的植株有不同的喜好，所以分布差异较大。

表1　博乐市天然草原有毒有害植物数量

| 序号 | 科名 | 属数 | 种数 |
| --- | --- | --- | --- |
| 1 | 木贼科 Equisetaceae | 1 | 3 |
| 2 | 麻黄科 Ephedraceae | 1 | 6 |
| 3 | 大麻科 Cannabaceae | 1 | 1 |
| 4 | 荨麻科 Urticaceae | 1 | 2 |
| 5 | 蓼科 Polygonaceae | 4 | 10 |
| 6 | 小檗科 Berberidaceae | 1 | 2 |
| 7 | 山柑科 Capparidaceae | 1 | 1 |
| 8 | 藜科 Chenopodiaceae | 5 | 11 |
| 9 | 苋科 Amaranthaceae | 1 | 1 |
| 10 | 石竹科 Caryophyllaceae | 3 | 6 |
| 11 | 毛茛科 Ranunculaceae | 11 | 37 |
| 12 | 罂粟科 Papaverceae | 4 | 7 |
| 13 | 十字花科 Cruciferae | 5 | 6 |
| 14 | 蔷薇科 Rosaceae | 7 | 17 |
| 15 | 豆科 Leguminosae | 14 | 25 |
| 16 | 白刺科 Nitrariaceae | 1 | 2 |
| 17 | 骆驼蓬科 Peganaceae | 1 | 1 |
| 18 | 蒺藜科 Zygophyllaceae | 2 | 3 |
| 19 | 旋花科 Convolvulaeae | 1 | 2 |
| 20 | 紫草科 Boraginaceae | 3 | 5 |
| 21 | 大戟科 Euphorbiaceae | 1 | 4 |
| 22 | 凤仙花科 Balsaminaceae | 1 | 1 |

（续表）

| 序号 | 科名 | 属数 | 种数 |
|---|---|---|---|
| 23 | 锦葵科 Malvaceae | 1 | 1 |
| 24 | 藤黄科 Guttiferae | 1 | 1 |
| 25 | 柳叶菜科 Onagraceae | 2 | 4 |
| 26 | 伞形科 Apiaceae | 1 | 1 |
| 27 | 龙胆科 Gentianaceae | 1 | 3 |
| 28 | 夹竹桃科 Apocynaceae | 1 | 2 |
| 29 | 萝藦科 Asclepiadaceae | 2 | 2 |
| 30 | 唇形科 Labiatae | 7 | 9 |
| 31 | 茄科 Solanaceae | 4 | 6 |
| 32 | 玄参科 Scrophulariaceae | 2 | 3 |
| 33 | 菊科 Compositae | 13 | 23 |
| 34 | 水麦冬科 Juncaginaceae | 1 | 2 |
| 35 | 泽泻科 Alismataceae | 1 | 1 |
| 36 | 禾本科 Gramineae | 4 | 9 |
| 37 | 百合科 Liliaceae | 3 | 10 |
| 38 | 鸢尾科 Iridaceae | 2 | 2 |
| 合计 | | 116 | 232 |

博乐市草地有毒有害植物种类相对丰富，有些对草原未来发展形成了一定的隐患，整个群落可能形成以有毒有害植物为优势种的草原类型，而优良牧草将逐渐被取代。

博乐市草地有毒有害植物种群分布格局差异较大，少数种类优势度显著，呈现聚集分布，其余都是随机分布。造成这种现象的原因是有毒有害植物喜好不同、种子散布特性等。

# 三、有毒有害植物主要生境

## 1. 低地草甸类草场

主要分布在博尔塔拉河下游河漫滩和艾比湖西岸湖积平原等地，海拔200~2300m。该类型草地主要依靠河水泛滥或地下水补给，使土壤常年湿润而形成，草场植被以中生性及旱中生性的禾草及杂类草为主体。地带性土壤以暗色、淡色草甸土为主。主要有4种草地型，分别为芦苇型，芨芨草、小獐茅型，梭梭、怪柳、芦苇型，禾草、杂类草型。主要有毒有害植物有问荆（*Equisetum arvense*）、木贼（*Equisetum hyemale*）、节节草（*Equisetum ramosissimum*）、盐角草（*Salicornia europaea*）、水葫芦苗（*Halerpestes sarmcntosa*）、水杨梅（*Geum chiloense*）、铃铛刺（*Halimodendron halodendron*）等。

芦苇型

芨芨草、小獐茅型

梭梭、柽柳、芦苇型

禾草、杂类草型

## 2. 温性荒漠类

主要分布在阿拉套山南坡、岗吉格山、库色木契克山等地低山区和山前冲洪积扇地带，海拔200~1350m。主要有11种草地型，分别为梭梭、博洛塔绢蒿、驼绒藜型，木本猪毛菜、博洛塔绢蒿、白垩假木贼型，木本猪毛菜、驼绒藜型，博洛塔绢蒿型，博洛塔绢蒿、一年生草本型，小蓬型，小蓬、角果藜型，角果藜型，叉毛蓬型，锦鸡儿、博洛塔绢蒿、驼绒藜型，驼绒藜、木地肤型。主要有毒有害植物有喀什麻黄（*Ephedra przewalskii* var. *kaschgarica*）、藜（*Chenopodium album*）、无叶假木贼（*Anabasis aphylla*）、盐生草（*Halogeton glomeratus*）、直果胡卢巴（*Trigonella orthoceras*）、骆驼蓬（*Peganum harmala*）、山柑（*Capparis spinosa*）等。

梭梭、博洛塔绢蒿、驼绒藜型

木本猪毛菜、博洛塔绢蒿、白垩假木贼型

木本猪毛菜、驼绒藜型

博洛塔绢蒿型

博洛塔绢蒿、一年生草本型

小蓬型

小蓬、角果藜型

角果藜型

叉毛蓬型

锦鸡儿、博洛塔绢蒿、驼绒藜型

驼绒藜、木地肤型

## 3. 温性草原化荒漠类

主要分布在库色木契克山南部、四台谷地等地，海拔1000~1700m。主要有3种草地型，分别为博洛塔绢蒿、镰芒针茅、碱韭型，博洛塔绢蒿、镰芒针茅型，刺旋花、镰芒针茅、博洛塔绢蒿型。主要有毒有害植物有欧夏至草（*Marrubium vulgare*）、地锦（*Euphorbia humifusa*）、蒺藜（*Tribulus terrestris*）、苦豆子（*Sophora alopecuroides*）、播娘蒿（*Descurainia sophia*）、鳞果海罂粟（新疆海罂粟，*Glaucium squamigerum*）、角果毛茛（*Ceratocephala testiculata*）、准噶尔石竹（*Dianthus soongoricus*）、反枝苋（*Amaranthus retroflexus*）、刺木蓼（*Atraphaxis spinosa*）、新疆大蒜芥（*Sisymbrium loeselii*）、白皮锦鸡儿（*Caragana leucophloea*）、钝叶独行菜（*Lepidium obtusum*）、三芒草（*Aristida adscensionis*）等。

博洛塔绢蒿、镰芒针茅、碱韭型

博洛塔绢蒿、镰芒针茅型

刺旋花、镰芒针茅、博洛塔绢蒿型

## 4. 温性荒漠草原类

　　主要分布在库色木契克山低山区、岗吉格山低山区、阿拉套山低山区和山前平原、四台谷地、赛里木湖东部等地，海拔900~2300m。主要有7种草地型，分别为羊茅、博洛塔绢蒿型，镰芒针茅、碱韭型，碱韭、博洛塔绢蒿型，镰芒针茅、博洛塔绢蒿型，镰芒针茅、博洛塔绢蒿、糙隐子草型，白皮锦鸡儿、镰芒针茅、博洛塔绢蒿型，糙隐子草、博洛塔绢蒿型。主要有毒有害植物有高石竹（ *Dianthus elatus* ）、准噶尔铁线莲（ *Clematis songorica* ）、天山海罂粟（ *Glaucium elegans* ）、草木樨（ *Melilotus officinalis* ）、长根大戟（ *Euphorbia pachyrrhiza* ）、中麻黄（ *Ephedra intermedia* ）、卵盘鹤虱（ *Lappula redowskii* ）、镰芒针茅（ *Stipa caucasica* ）等。

羊茅、博洛塔绢蒿型

镰芒针茅、碱韭型

碱韭、博洛塔绢蒿型

镰芒针茅、博洛塔绢蒿型

镰芒针茅、博洛塔绢蒿、糙隐子草型

白皮锦鸡儿、镰芒针茅、博洛塔绢蒿型

糙隐子草、博洛塔绢蒿型

## 5. 温性草原类

　　主要分布在库色木契克山、岗吉格山、阿拉套山、赛里木湖等地，海拔 1300~2500m。主要有 7 种草地型，分别为羊茅型，针茅、羊茅型，针茅、羊茅、冷蒿型，针茅、溚草、委陵菜型，针茅、短柱苔草、冷蒿型，针茅、冷蒿、冰草型，兔儿条、羊茅、短柱苔草、冷蒿型。主要有毒有害植物有单子麻黄（*Ephedra monosperma*）、卷茎蓼（蔓蓼，*Polygonum convolvulus*）、粉绿铁线莲（*Clematis glauca*）、西伯利亚铁线莲（*Clematis sibirica*）、白屈菜（*Chelidonium majus*）、白车轴草（*Trifolium repens*）、新疆针茅（*Stipa sareptana*）、黑果小檗（*Berberis atrocarpa*）、红果小檗（*Berberis nummularia*）、金丝桃叶绣线菊（兔儿条，*Spiraea hypericifolia*）、疏花蔷薇（*Rosa laxa*）、腺毛蔷薇（*Rosa fedtschenkoana*）等。

羊茅型

针茅、羊茅型

针茅、羊茅、冷蒿型

针茅、溚草、委陵菜型

针茅、短柱苔草、冷蒿型

针茅、冷蒿、冰草型

兔儿条、羊茅、短柱苔草、冷蒿型

### 6. 温性草甸草原类

主要分布在阿拉套山、库色木契克山及赛里木湖西、南缘等地，海拔1300~2800m。主要有4种草地型，分别为羊茅、苔草、杂类草型，苔草、禾草、杂类草型，草原糙苏、铁杆蒿、禾草型，圆柏、禾草、杂类草型。主要有毒有害植物有酸模（*Rumex acetosa*）、繁缕（*Stellaria media*）、厚叶繁缕（*Stellaria crassifolia*）、瞿麦（*Dianthus superbus*）、圆叶乌头（*Aconitum rotundifolium*）、腺毛唐松草（*Thalictrum foetidum*）、大花银莲花（*Anemone sylvestris*）、钟萼白头翁（*Pulsatilla campanuella*）、新疆毛茛（*Ranunculus songoricus*）、毛托毛茛（*Ranunculus trautvetterianus*）、秦艽（*Gentiana macrophylla*）、鼬瓣花（*Galeopsis bifida*）、宽刺蔷薇（*Rosa platyacantha*）、异株百里香（*Thymus marschallianus*）等。

羊茅、苔草、杂类草型

苔草、禾草、杂类草型

草原糙苏、铁杆蒿、禾草型

圆柏、禾草、杂类草型

### 7. 山地草甸类

　　主要分布在阿拉套山、库色木契克山及赛里木湖西部、南部等地，海拔1600~2800m。主要有2种草地型，分别为羽衣草、禾草、杂类草型，禾草、杂类草型。主要有毒有害植物有密序大黄（*Rheum compactum*）、白喉乌头（*Aconitum leucostomum*）、拟黄花乌头（*Aconitum anthoroideum*）、船苞翠雀花（*Delphinium naviculare*）、单叶毛茛（*Ranunculus monophyllus*）、地榆（*Sanguisorba officinalis*）、披针叶黄华（*Thermopsis lanceolata*）、红车轴草（*Trifolium pratense*）、小花棘豆（*Oxytropis glabra*）、大托叶山黧豆（*Lathyrus pisiformis*）、树莓（*Rubus phoenicolasius*）、草原勿忘草（*Myosotis suaveolens*）、块根糙苏（*Phlomis tuberosa*）、长根马先蒿（*Pedicularis dolichorrhiza*）等。

羽衣草、禾草、杂类草型

禾草、杂类草型

## 8. 高寒草甸类

主要分布在哈拉吐鲁山、库色木契克山、赛里木湖等地亚高山上部和高山区，海拔2500~3400m。分布有1种草地型，即线叶嵩草、细果苔草、杂类草型。主要有毒有害植物有高山唐松草（*Thalictrum alpinum*）、天山罂粟（*Papaver tianschanicum*）、鬼箭锦鸡儿（*Caragana jubata*）、高山黄华（*Thermopsis alpina*）、高山龙胆（*Gentiana algida*）、高山紫菀（*Aster alpines*）、鸟足毛茛（*Ranunculus brotherusii*）、黄花棘豆（*Oxytropis ochrocephala*）、扁果草（*Isopyrum anemonoides*）等。

线叶嵩草、细果苔草、杂类草型

第二章

博乐市草原有毒植物

# 第一节　有毒植物种类及分布

　　根据调查和资料查新，本次清查出博乐市有毒植物共有181种，隶属于33科95属。主要有毒植物种类依次为毛茛科11属37种、豆科12属22种、菊科10属16种、藜科5属11种，唇形科7属9种，蓼科3属9种，罂粟科4属7种，麻黄科1属6种，石竹科3属6种，百合科2属5种（表2）。其中沼泽类草地分布22种，低地草甸类草地分布57种，温性荒漠类草地分布38种，温性草原化荒漠类草地分布30种，温性荒漠草原类分布38种，温性草原类草地分布51种，温性草甸草原类草地分布79种，山地草甸类草地分布87种，高寒草甸类草地分布12种，农区分布48种。

表2　博乐市天然草原有毒植物数量

| 序号 | 科名 | 属数 | 种数 |
| --- | --- | --- | --- |
| 1 | 木贼科 Equisetaceae | 1 | 3 |
| 2 | 麻黄科 Ephedraceae | 1 | 6 |
| 3 | 大麻科 Cannabaceae | 1 | 1 |
| 4 | 荨麻科 Urticaceae | 1 | 2 |
| 5 | 蓼科 Polygonaceae | 3 | 9 |
| 6 | 藜科 Chenopodiaceae | 5 | 11 |
| 7 | 苋科 Amaranthaceae | 1 | 1 |
| 8 | 石竹科 Caryophyllaceae | 3 | 6 |
| 9 | 毛茛科 Ranunculaceae | 11 | 37 |
| 10 | 罂粟科 Papaverceae | 4 | 7 |
| 11 | 十字花科 Cruciferae | 5 | 5 |
| 12 | 蔷薇科 Rosaceae | 3 | 3 |
| 13 | 豆科 Leguminosae | 12 | 22 |
| 14 | 骆驼蓬科 Peganaceae | 1 | 1 |
| 15 | 蒺藜科 Zygophyllaceae | 2 | 3 |
| 16 | 大戟科 Euphorbiaceae | 1 | 4 |
| 17 | 凤仙花科 Balsaminaceae | 1 | 1 |
| 18 | 锦葵科 Malvaceae | 1 | 1 |
| 19 | 藤黄科 Guttiferae | 1 | 1 |
| 20 | 柳叶菜科 Onagraceae | 2 | 4 |
| 21 | 伞形科 Apiaceae | 1 | 1 |

（续表）

| 序号 | 科名 | 属数 | 种数 |
|---|---|---|---|
| 22 | 龙胆科 Gentianaceae | 1 | 3 |
| 23 | 夹竹桃科 Apocynaceae | 1 | 2 |
| 24 | 萝藦科 Asclepiadaceae | 2 | 2 |
| 25 | 唇形科 Labiatae | 7 | 9 |
| 26 | 茄科 Solanaceae | 3 | 4 |
| 27 | 玄参科 Scrophulariaceae | 2 | 3 |
| 28 | 菊科 Compositae | 10 | 16 |
| 29 | 水麦冬科 Juncaginaceae | 1 | 2 |
| 30 | 泽泻科 Alismataceae | 1 | 1 |
| 31 | 禾本科 Gramineae | 2 | 3 |
| 32 | 百合科 Liliaceae | 2 | 5 |
| 33 | 鸢尾科 Iridaceae | 2 | 2 |
| 合计 | | 95 | 181 |

　　博乐市分布比较集中且面积较大、危害性较大的有毒植物有骆驼蓬、无叶假木贼、白喉乌头3种。其中，骆驼蓬主要分布在博乐市亚麻滩、卡尔噶西、尧勒苏、库索尔、卡斯默布拉克、阿克托别、南山煤矿下部的乌图布拉格等地，面积约60万亩；无叶假木贼主要分布在G312国道四台至五台公路两侧至山前、石灰窑周边、博阿公路两侧至山前等地，主要和梭梭、博洛塔绢蒿等伴生，面积约50万亩；白喉乌头主要分布在赛里木湖南部云杉林前缘、阿拉套山温性草甸草原类和山地草甸类草地上，面积约10万亩。分布面积较大但危害性不大的有毒植物为毛茛属的各种毛茛，主要分布在赛里木湖西部、南部、东部温性草甸草原类、山地草甸类草地，库色木契克山温性草甸草原类、山地草甸类草地，夏尔希里温性草甸草原类、山地草甸类草地等地，面积约60万亩。另外，小面积集中分布的有毒植物主要为白头翁属、马先蒿属、麻黄属、橐吾属、千里光属、苍耳属中。其中，白头翁属中的有毒植物主要分布在赛里木湖西部和南部、夏尔希里等地；马先蒿属中的有毒植物主要分布在赛里木湖西部、南部、东部和夏尔希里等地；麻黄属中的有毒植物主要分布在乌兰达布斯、石灰窑周边、五台等地；橐吾属中的有毒植物主要分布在夏尔希里、赛里木湖北部及农区等地；千里光属中的有毒植物主要分布夏尔希里、农区等地；苍耳属中的有毒植物主要分布在农区。

# 第二节 有毒植物图鉴

## 一、蕨类植物门

### 木贼科 Equisetaceae

**问荆** *Equisetum arvense* L.

**形态特征：** 根状茎横走，向上生出地上茎。茎二型，叶鞘筒漏斗形。孢子囊穗有柄，钝头；孢子叶六角盾形。营养茎绿色，分枝轮生。叶退化，叶鞘筒漏斗状，鞘齿披针形或由 2~3 枚连合成阔三角形，暗褐色，边缘膜质，灰白色。

**生境：** 生于河、湖岸边，山地河谷、林缘、林中空地。常见于沼泽类、低地草甸类、山地草甸类等草地。

**毒性：** 全草有毒，含硫胺素酶、多种黄酮及其苷、问荆皂苷、烟碱、犬问荆碱、咖啡酸、草酸等多种有机酸，有毒成分是硫胺素酶。牲畜如长期误食则会造成慢性中毒，出现消瘦、下痢等症状。

**木贼** *Equisetum hyemale* L.

**形态特征：** 根状茎粗、长、黑褐色。地上茎常绿、直立、粗壮、粗糙、质硬，高 30~50cm，具 15~20 条棱肋，沿棱肋具 2 列疣状突起，沟槽内有 2 行气孔。叶鞘筒圆筒形，长 6~10mm，贴茎，顶部及基部各有一黑褐色圈，中部灰绿色；叶鞘齿 6~20，线状钻形，背部具浅沟，黑褐色，先端长渐尖，常脱落。孢子囊穗紧密，长椭圆形，长 6~12mm，粗 4~5mm，暗褐色，尖头，无柄。

**生境：** 生于河、湖岸边，山地河谷、林缘、林中空地。常见于沼泽类、低地草甸类、山地草甸类等草地。

**毒性：** 全草有毒，毒性同问荆。全草含多种黄酮苷山奈酚 -3、7- 二葡萄糖苷，山奈酚 -3- 二葡萄糖苷 -7- 葡萄糖苷，山奈酚 -3- 葡萄糖苷 -7- 二葡萄糖苷。

### 节节草 *Equisetum ramosissimum* Desf.

**形态特征:** 根状茎横走。地上茎灰绿色,多年生,高30~80cm,侧枝多从基部或从节上发出,斜展。叶鞘筒状,鞘齿三角形或披针形。孢子囊穗顶生,长圆形或长椭圆形,顶端具小尖头。

**生境:** 生于河、湖岸边,砂地,砾石地。常见于沼泽类、低地草甸类、山地草甸类等草地。

**毒性:** 全草有毒,含黄酮苷木犀草素–5–葡萄糖苷、山奈酚–7–二葡萄糖苷、山奈酚–3–槐苷–7–葡萄糖苷;此外,尚含烟碱、犬问荆碱。马、骡中毒后主要出现中枢神经中毒症状,以运动障碍机能为主。

## 二、裸子植物门

### 麻黄科 Ephedraceae

### 膜果麻黄 *Ephedra przewalskii* Stapf

**形态特征:** 灌木,高50~240cm;木质茎明显,直立,茎的上部具密生分枝;小枝绿色,节间粗长,长2.5~5cm,直径2~3mm。叶膜质鞘状,上部通常3裂,间或2裂,裂片三角形,先端急尖或渐尖。球花常数个密集成团状复穗花序,对生或轮生于节上;雄球花的苞片3~4轮,膜质,基部约1/2合生;雄花有7~8雄蕊,花丝大部合生;雌球花近圆形,苞片4~5轮(每轮3),稀对生,膜质,几全部离生,最上一轮苞片各生1雌花;珠被管长1.5~2mm,伸出,直或弯曲。种子通常3粒(稀2),长卵形,包于膜质苞片之内。花期5—6月,果期7—8月。

**生境:** 常生于石质荒漠和沙地,组成大面积群落,或与梭梭、柽柳、沙拐枣、白刺等旱生植物伴生。常见于温性荒漠类等草地。

**毒性:** 全草有小毒,麻黄碱是主要有毒成分。

**喀什麻黄** *Ephedra przewalskii* var. *kaschgarica* (B. Fedtsch. et Bobr. ) C. Y. Cheng

**形态特征：**小灌木，多从基部分枝，高30~60cm。叶3或2枚，下部2/3连合成鞘筒。雄球花球形，几朵簇生在1~2cm长的总梗上；苞片椭圆形，长约2mm，膜质，基部连合；雄蕊柱长约3mm，全缘或上部分离；花粉囊（小孢子囊）5~7枚，几无柄，聚集在顶端。雌球花球形或阔椭圆形，常3~5朵聚成头状团伞花序，着生于长1~2cm的总梗上；苞片3~4对，对生或轮生，淡绿色；假花被包围种子。花期5月，种子7月成熟。

**生境：**生石质荒漠和沙地。常与柽柳、沙拐枣旱生植物伴生。常见于温性荒漠类等草地。

**毒性：**全草有小毒，麻黄碱是主要有毒成分。

## 中麻黄 *Ephedra intermedia* Schrenk ex Mey.

**形态特征：**小灌木，高20~40cm，具发达的根状茎。主干枝灰色，木质化小枝对生或轮生，具2~3节间的侧生，从这些木质枝节上轮生出较多几平行向上生长的当年枝，形成帚状。叶2枚，4/5或2/3连合成鞘筒，长1.5~2mm，顶端钝圆。雄性花球形或阔卵形，长约5mm，常2~3个密集于节上成团状；苞片3~4对，交互对生，1/3以下连合。雌球花卵形，长约5mm；苞片3~4对，交互对生，成熟时肉质，红色，后期微发黑。种子2粒，长约5mm；珠被管螺旋状弯，顶端具全缘浅裂片。花期6月，种子8月成熟。

**生境：**生于荒漠石质戈壁，沙地、沙质、砾质和石质干旱低山坡，局部地区可形成群落。常见于温性荒漠草原类、温性草原类等草地。

**毒性：**全草有小毒，含麻黄碱、伪麻黄碱、去甲基麻黄碱、去甲基伪麻黄碱、甲基麻黄碱和甲基伪麻黄碱等生物碱，还含有鞣质、黄酮苷等；除此之外，还含有草酸、柠檬酸、苹果酸、延胡索酸等。麻黄碱是主要有毒成分。

### 细子麻黄 *Ephedra regeliana* Florin

**形态特征：** 草木状密丛小灌木，高2~10cm，无主茎。地下茎发达，地表形成粗1~2cm的疙瘩状茎基；幼茎纤细，有节。叶2枚，对生，连合成鞘筒。雄球花卵形或椭圆形，单生于具有叶鞘筒的长1~2cm的短枝顶端，具4~5对苞片；苞片背部淡绿色；雄蕊柱远伸出；花粉囊6~7枚，在下部苞片中仅4~5枚。雌球花含2枚种子，生于1~2（4）cm长的短枝顶端，具3~4对苞片，苞片草质—薄革质，背部绿色，稍增厚，边缘白膜质；成熟雌球花卵形或阔卵形，苞片肉质，红色或橙红色，后期紫黑色。种子2粒，内藏。花果期5—8月，种子7—8月成熟。

**生境：** 生平原砾石戈壁，干旱低山坡至高山石坡、石缝。常见于温性荒漠草原类、温性草原类等草地。

**毒性：** 全草有小毒，含生物碱，所含成分为右旋麻黄素。麻黄碱是主要有毒成分。

**木贼麻黄** *Ephedra equisetina* Bunge

**形态特征：** 灌木，高1~1.5m。已形成木质化的骨干枝，几平行地向上生长，形成扫帚状。叶2枚，连合成鞘筒，浅裂。雄球花单生或几枚簇生于节上；苞片3~4对。雌球花常2枚对生节上，苞片3对，肉质，红色或鲜黄色，具狭膜质边。种子棕褐色，光滑而有光泽，狭卵形或狭椭圆形，具明显点状种脐与种阜。花期6—7月，种子8月成熟。

**生境：** 生于碎石坡地、山脊。常见于温性荒漠草原类、温性草原类等草地。

**毒性：** 全草有小毒，含麻黄碱、伪麻黄碱、去甲基麻黄碱、去甲基伪麻黄碱、甲基麻黄碱和甲基伪麻黄碱等生物碱；还含有鞣质、黄酮苷等。麻黄碱是主要有毒成分。

**单子麻黄** *Ephedra monosperma* Gmel. ex Mey.

**形态特征：** 草本状矮小灌木，高3~8cm。地下茎发达，在地表形成无主茎的稠密垫丛。叶2枚，连合成1~2mm长的鞘筒，上部裂至1/3。雄球花具极短梗，生下部节上，具2~3对苞片；假花被跟苞片同色，薄膜质，阔卵形；雄蕊柱连合成单体，或有时二裂至中或下部，伸出；花粉囊6~7枚，顶端者具短柄。雌球花单或对生节上，苞片2~3对；成熟雌球花的苞片肉质，淡红褐色。种子1粒，外露。花期6月，种子8月成熟。

**生境：** 生干旱山坡石缝中。常见于温性荒漠草原类、温性草原类等草地。

**毒性：** 全草有小毒，含麻黄碱、伪麻黄碱、去甲基麻黄碱、去甲基伪麻黄碱、甲基麻黄碱和甲基伪麻黄碱等生物碱。麻黄碱是主要有毒成分。

# 三、被子植物门

## 大麻科 Cannabaceae

**大麻 *Cannabis sativa* L.**

**形态特征：** 一年生草本，高1~3.5m。叶指状，3~7或11裂，裂片长披针形至丝状披针形，顶端长渐尖，边缘具粗锯齿，上面深绿色，粗糙，被短硬毛，下面淡绿色，密生灰白色毡毛；叶柄长4~15cm。花单性，雌雄异株。瘦果扁卵形，质硬，灰色。花期7—8月，果期9—10月。

**生境：** 生于山地河谷、荒地、耕地及牲畜棚圈周围。常见于低地草甸类、温性荒漠类、温性草原化荒漠类、温性荒漠草原类、温性草原类、温性草甸草原类等草地。

**毒性：** 全草有毒，花毒性较大。种子含胆碱、葫芦巴碱、蕈毒碱；叶含大麻酚、大麻二酚及大麻树脂等。大麻仁食用后出现恶心、呕吐、腹泻、四肢麻木、惊厥、昏迷等症。粗提物具抑精神作用，可作麻醉剂或刺激剂。

## 荨麻科 Urticaceae

**焮麻** *Urtica cannabina* L.

**形态特征：** 多年生草本，高70~150cm。茎直立，茎上有短伏毛和稀疏的螫毛。叶掌状，全裂或3~5裂，一回裂片再羽状深裂，下面疏生螫毛。花单性，雌雄同株或异株。瘦果卵形，稍扁，表面光滑。花期7—8月，果熟期8—9月。

**生境：** 生于农区、河谷水边、林缘、河漫滩、阶地、山脚、山沟等。常见于温性荒漠草原类、温性草原类、温性草甸草原类等草地。

**毒性：** 根、叶有毒。服用过量可致剧烈呕吐、腹痛、头晕、心悸，以至虚脱；刺毛也有毒，接触皮肤，立即产生剧烈疼痛，但嫩时无毒；茎皮主要含蚁酸、丁酸和酸性刺激性物质。春季，其新鲜的嫩茎叶可喂家畜，有抓膘和恢复体力的作用。

**异株荨麻** *Urtica dioica* L.

**形态特征：** 多年生草本。茎直立，四棱形，分枝，通常密被短伏毛和螫毛。叶对生，卵形或卵状披针形，基部心形，沿缘具大的锯齿，表面有稀疏的螫毛，背面有较密的螫毛和短毛及小颗粒状的钟乳体，基出脉3~5条；叶柄较长。花单性，雌雄异株。瘦果卵形或宽椭圆形，光滑。花期6—7月，果期7—8月。

**生境：** 生于河谷水边、山坡林缘、阴湿的石隙中。常见于低地草甸类、温性草原类、温性草甸草原类、山地草甸类等草地。

**毒性：** 刺毛有毒，含蚁酸、乙酰胆碱、组胺和5-羟色胺等可引起皮肤刺激的物质；还含甲氧基苯基肟，可用于制作杀虫剂。

## 蓼科 Polygonaceae

**密序大黄（密穗大黄）** *Rheum compactum* L.

**形态特征：** 多年生大型草本，高达2m。根状茎粗壮，直径2~5cm。茎直立，稍具棱槽。基生叶圆状卵形，长20~40cm，有5条掌状脉；叶柄粗壮，明显长于叶片；茎生叶圆形，较小，具短柄。

花序圆锥状，开展，长达40cm；花白色。瘦果连翅成宽椭圆形，两端凹陷，瘦果暗褐色，翅淡红褐色，二者宽度近相等。花果期6—7月。

**生境：** 生于山地林缘及灌丛，草原灌丛的山坡上。常见于温性草原类、温性草甸草原类、山地草甸类等草地。

**毒性：** 全草有小毒，主要含有蒽醌衍生物类、二苯乙烯类等；还含有其他挥发油、糖类和有机酸等。

**酸模** *Rumex acetosa* L.

**形态特征：** 多年生草本。茎通常单一，直立，中空，具棱槽。基生叶和茎下部叶具长柄；茎上部叶渐小，具短柄或无柄抱茎。花单性，雌雄异株，蔷薇色或淡黄色；花序窄，圆柱形；花梗细，中部具关节；雄花花被片长圆状椭圆形，外轮花被片较小，整个脱落；雌花外轮花被片小，反折，贴向花梗，内轮花被片在果期增大，凹处具1个形如小瘤的附属物。瘦果椭圆形，具3棱，暗褐色，有光泽。花果期6—8月。

**生境：** 生于森林带山坡、林缘、林间、山谷河滩及水边。常见于低地草甸类、温性草甸草原类、山地草甸类等草地。

**毒性：** 全草有毒，牲畜中毒后步态不稳、流涎、尿频、肌肉痉挛，最后惊厥死亡。含有约1%草酸及草酸盐、大黄素、大黄酚、大黄素甲醚等；叶和果实中含槲皮苷、牡荆素等黄酮苷类化合物；此外，尚含酸模素、鞣质、有机酸等成分。

**长根酸模** *Rumex thyrsiflorus* Fingerh.

　　**形态特征：** 多年生草本，高30~100cm。直根，长圆锥形。茎单一，直立。基生叶和茎下部叶具长柄，叶片卵状长圆形或披针形。圆锥花序宽，金字塔形，淡紫红色或浅绿色。果椭圆形，暗褐色。花果期6—8月。

　　**生境：** 生于河边草滩，河谷草甸，山地草甸和林间低洼湿地。常见于低地草甸类、山地草甸类等草地。

　　**毒性：** 全草有毒。酸模属主要成分为蒽醌、黄酮、萘、二苯乙烯、香豆素及有机酸等，有报道称，酸模属植物其主要毒性成分为草酸及草酸盐，此外还有大黄素、大黄酚等黄酮苷类化合物。

**窄叶酸模** *Rumex stenophyllus* Ledeb.

**形态特征：** 多年生草本，高40~150cm。茎单一，直立，具棱槽，在上部分枝。基生叶和茎下部叶长圆形或披针形，长4~17cm，宽0.6~4cm，先端具短尖，基部楔形，全缘或微波状，有稍短于叶片的柄；茎上部叶小，基部楔形，具短柄或近无柄。圆锥花序窄，花枝稍开展；花两性，多花簇生成轮，花轮在枝的下部间断，向上渐靠近，密集；花梗细，长于花被；下部具关节；外轮花被片窄小，长圆形，内轮花被片果期增大，三角状心形，长3~4mm，宽达4mm，先端近尖，基部截形，具网纹，沿缘具细尖或仅在下部具锐齿，尖齿的长度短于花被片的宽度，全部具长圆形的瘤。瘦果椭圆形，长约3mm，宽1.5~2mm，三棱形，棱角尖锐，淡褐色。花果期6—8月。

**生境：** 生于荒漠绿洲的水渠边、干水沟旁、田边、撂荒地及山谷河边。常见于低地草甸类等草地。

**毒性：** 全草有小毒，误服过量根易引起腹泻、呕吐，误食大量茎叶，则引起腹胀、流涎、胃肠炎、腹泻。含大黄酚、大黄素、大黄酚苷、大黄根酸、鞣质等。

**皱叶酸模** *Rumex crispus* L.

**形态特征：** 多年生草本，高50~100cm。直根粗达2cm。茎直立，仅在花序中分枝。叶披针形或长圆状披针形，先端渐尖，基部楔形，沿缘皱波状；茎上部叶渐小，披针形或狭披针形，具短柄。圆锥花序狭长，长圆形，分枝紧密；花两性，多数，簇生成轮；外轮花被片窄小，内轮花被片果期增大，全部或其中1片具1大瘤；花梗细，几与花被片等长，下部具关节。瘦果椭圆形，具3棱，棱角尖锐，褐色，有光泽。花果期6—8月。

**生境：** 生于水边、河滩、河谷草甸、田边、田间等，为常见的田间杂草。常见于低地草甸类、温性草甸草原类、山地草甸类等草地。

**毒性：** 全草有毒，常引起牲畜中毒。人中毒后可出现胃肠炎、腹鸣、腹胀、呕吐、头晕、全身发软、食欲下降等症。含大黄素、大黄酚、大黄素甲醚、大黄酚苷、酸模素、硫胺素、挥发油、树脂、鞣质、草酸及草酸盐等。

**卷茎蓼（蔓蓼）**_Polygonum convolvulus_ L.

**形态特征：** 一年生草本，茎缠绕，长30~100cm，有棱。叶卵形，先端渐尖。花3~6朵簇生叶腋；花被淡绿色，外面3片背部沿中脉具脊。瘦果卵形，具3棱，黑色。花果期7—9月。

**生境：** 生于山地，从山前丘陵至中山带的田边、田间、荒地、水边、山地灌丛、草坡、林下。常见于温性荒漠草原类、温性草原类等草地。

**毒性：** 全草有毒，含光敏物质。植物有毒是在新鲜绿色状态，干枯之后，完全无毒害。全草含挥发油、香豆素、蒽醌、黄酮和缩合鞣质等。叶和花含黄酮类成分为槲皮素、山柰酚、槲皮苷、萹蓄苷、芦丁和金丝桃苷等。叶和果实含邻–二羟基苯甲酸、咖啡酸、绿原酸、P–香豆酸等。根含鞣质8%，地上部分含鞣质2%。

**萹蓄** *Polygonum aviculare* L.

**形态特征：** 一年生草本，高10~40cm。茎直立或平卧，具棱槽，无毛，从基部分枝。叶蓝绿色或鲜绿色，从披针形或窄椭圆形到宽卵状披针形或倒宽卵形，长1~4cm，宽3~10mm，先端圆钝或稍尖，基部狭楔形，全缘，两面无毛，背面叶脉突起；叶柄短或近无柄；托叶鞘膜质，具明显或稍明显的脉纹，下部褐色或淡火红色，上部白色，先端多裂。花1~5朵簇生于叶腋，几遍布于全植株；花梗短，长约1mm，顶部有关节；花被长2~2.5mm，5深裂，裂片椭圆形，绿色，沿缘白色、粉红色或紫红色。瘦果卵形，长2~3mm，具3棱，黑褐色，密生小点，稍有光泽。花果期5—9月。

**生境：** 生于田边、路旁、水边湿地。各类草地均常见。

**毒性：** 全草有毒，含萹蓄苷、槲皮苷、没食子酸、咖啡酸、草酸、硅酸、葡萄糖、果糖等，可用于杀虫。

**酸模叶蓼** *Polygonum lapathifolium* L.

　　**形态特征：** 一年生草本，高30~100cm。茎直立，粗壮，具红色斑点，节部膨大。叶披针形或卵状披针形，基部楔形；托叶鞘筒状，膜质。总状花序穗状，多花，密集；苞片漏斗状，边缘斜形，膜质；花被淡红色或白色。瘦果卵形，两侧扁平，两面微凹，黑色，有光泽，藏于花被内。花果期5—8月。

　　**生境：** 生于河、湖及灌渠水边，低湿地、田边、山地河谷草甸、山坡草地。常见于沼泽类、低地草甸类等草地。

　　**毒性：** 全草有小毒。地上部分含黄酮类，根含2-甲基萘；全草还含3，5-二羟基-4-甲基芪等。

## 水蓼（辣蓼）*Polygonum hydropiper* L.

**形态特征：** 一年生草本，高20~80cm。茎直立或斜升，通常带有红色。叶披针形，先端近锐尖，基部楔形。总状花序，花穗细弱，花稀疏，下部间断，俯垂；花被5深裂，淡绿色或淡红色，被黄褐色腺点。瘦果卵形，两侧扁平，暗褐色。花果期7—9月。

**生境：** 生于水边、河滩草地、沼泽。常见于沼泽类、低地草甸类等草地。

**毒性：** 全草有小毒，常出现中枢系统及消化系统疾病，导致家畜皮肤严重损伤，可用于制作杀虫剂。全草含辛辣挥发油，主要成分为水蓼二醛、异水蓼二醛。黄酮类有水蓼素、槲皮素、槲皮苷、槲皮黄苷、金丝桃苷等。黄酮苷的含量在果实开始成熟时最高，以后开始下降。

## 藜科 Chenopodiaceae

**盐角草** *Salicornia europaea* L.

  **形态特征：** 一年生草本，高10~40cm，植株常常发红色。茎直立，多分枝；枝对生，肉质，通常长1~10cm。叶鳞片状，顶端尖，基部连合成鞘状。穗状花序，长1~5cm，有短柄；花腋生，每一苞片内有3朵花，集成一簇，陷入肉质的花序轴内；肉质花被倒圆锥状，上部扁平成菱形；雄蕊伸出于花被之外；花药矩圆形；子房卵形；柱头2，钻状，有乳头状小突起。果皮膜质；种子矩圆状卵形，种皮近革质，有钩状刺毛。花果期7—9月。

  **生境：** 生于平原地区盐湖边、盐化沼泽边、潮湿盐土及重盐土上。常见于沼泽类、低地草甸类等草地。

  **毒性：** 全草有毒，牲畜如啃食过量，易引起下泻。含盐角草碱、盐角草次碱、甜菜花青素、草酸盐等。

### 滨藜 *Atriplex patens* (Litv.) Iljin

**形态特征：** 一年生草本，高20~60cm。茎直立，无粉或稍有粉，有绿色色条，通常上部多分枝；枝纤细，斜升。叶互生，或在茎基部近对生，叶片披针形至条形，长3~9cm，宽0.4~1cm，先端渐尖或微钝，基部渐狭成短柄，边缘具不规则的锯齿，叶面无粉或稍有粉，两面均为绿色。穗状花序生叶腋，再于茎上部集成穗状圆锥状；雄花花被4~5裂片，雄蕊与花被裂片同数；雌花无花被，具2苞片；苞片果时菱形或卵状菱形，下半部边缘全绿，合生，上半部边缘通常具细齿，表面有粉，有时靠上部具疣状小突起。种子扁平，圆形或双凸镜形，黑色或红褐色。花果期8—10月。

**生境：** 生于轻度盐渍化湿地及沙地。常见于低地草甸类、温性草原类等草地。

**毒性：** 全株有小毒，人接触或食后，经强光照晒，裸露皮肤先有刺痒、麻木感，后引起浮肿，严重者出现瘀斑、浆液性水疱甚至血疮。

## 香藜 *Dysphania botrys* (L.) Mosyakin & Clemants

**形态特征：**一年生草本，高20~50cm，全株有腺毛和强烈气味。茎直立，多分枝。叶互生，边缘羽状深裂。复二歧式聚伞花序腋生，花被片4~5，背面密被腺毛，边缘膜质；雄蕊1~3，柱头2。种子横生，黑色，有光泽。花果期5—9月。

**生境：**生于农田边、水渠旁、撂荒地、河岸、山间谷地、沙质坡地、干旱山坡、砾质荒漠及荒漠草原。常见于温性荒漠类、温性草原化荒漠类、温性荒漠草原类等草地。

**毒性：**全草有毒，含倍半萜烯内酯。食用后可导致呕吐、厌食、抑郁。

**藜** *Chenopodium album* L.

**形态特征：** 一年生草本。茎直立，较粗壮，有条棱，具绿色或紫红色色条，多分枝。叶有长叶柄；叶片变化较大，菱状卵形至宽披针形，先端急尖或微钝，基部楔形至宽楔形。边缘常有不整齐的锯齿，上面通常无粉或嫩叶时有紫红色粉，下面多少有粉而呈灰绿色。花两性，数朵簇生，排列为腋生或顶生的穗状或圆锥花序；花被片5，背面具纵隆脊，边缘膜质；雄蕊5；柱头2。胞果包于花被内，果皮与种皮紧贴。种子横生，双凸镜状，表面有浅沟纹，边缘钝。花果期5—10月。

**生境：** 生于农田边、水渠边、荒地、河漫滩、洪积扇冲沟、山间河谷、山地草原、山地草甸等处。常见于温性荒漠类、温性草原化荒漠类、温性荒漠草原类、温性草原类等草地。

**毒性：** 全草有小毒，有人食后在日照下裸露皮肤有刺痒、麻木感、浮肿，少数重者出现水疱甚至并发感染，患者低热、无力、食欲不振。果实含阿魏酸、香草酸，种子含齐墩果酸，叶含草酸盐、甜菜碱等，根含U-蜕皮松、埃克甾酮B等。

## 短叶假木贼 *Anabasis brevifolia* C. A. Mey.

**形态特征：** 株高通常5~15cm。木质茎多分枝。叶条形，肉质，半圆柱状，开展并向下作弧形弯曲，先端通常有半透明的短刺尖；近基部的少数叶较短，贴生于枝。花单生叶腋，有时叶腋内还具有含数花的短枝而类似簇生；花被片果时具翅，翅膜质，杏黄色、紫红色或少数暗褐色，直立或稍开展。胞果卵形至宽卵形。花期7—8月，果期8—10月。

**生境：** 生于洪积扇和山间谷地的砾质荒漠、低山草原化荒漠。常见于温性荒漠类、温性草原化荒漠类、温性荒漠草原类、温性草原类等草地。

**毒性：** 全草有毒，含生物碱。骆驼吃幼枝后有毒性反应。

## 无叶假木贼 *Anabasis aphylla* L.

**形态特征：**半灌木。木质茎分枝。叶极不明显，退化成宽三角形的鳞片状，先端钝或尖。花小，1~3朵生叶腋，在枝顶形成较疏散的穗状花序；外轮3个花被片果时生翅，翅直立，膜质，肾形或圆形，淡黄色或粉红色；内轮2个花被片无翅或具较小的翅；花盘裂片条形，顶端篦齿状。胞果直立，近圆球形，暗红色。花期8—9月，果期9—10月。

**生境：**生于广大平原地区、山麓洪积扇和低山干旱山坡的砾质荒漠及干旱盐化荒漠，常和梭梭伴生。常见于温性荒漠类、温性草原化荒漠类、温性荒漠草原类等草地。

**毒性：**全草有毒，食后6~12小时会流涎、醉酒状、食欲下降、谵语，严重时死亡。主要含毒藜碱，还含羽扁豆碱、毒藜素类等多种生物碱；种子含假木贼胺。毒藜碱为烟碱异构体，属神经结阻断剂，小剂量有兴奋作用，可增强呼吸，提高血压；大剂量有抑制和麻痹作用，皮肤易吸收。可作杀虫剂。

## 盐生假木贼 *Anabasis salsa* (C. A. Mey.) Benth. ex Volkens

**形态特征：** 株高5~20cm。老枝常分枝稠密，灰褐色或淡灰色；幼枝上部分枝。中部以下的叶条形，半圆柱状，长2~3（5）mm，开展并向外弧形弯曲，先端具脱落性的半透明刺状短尖头，上部叶三角形鳞片状，先端微钝，无刺状尖头。花单生叶腋，于枝顶形成短穗状花穗；外轮3片花被片圆形，内轮2片宽卵形，果时均无翅。胞果黄褐色或稍带红色。花果期8—10月。

**生境：** 生于山麓洪积扇、山间台地、河谷阶地、河间冲积平原的盐生荒漠。常见于低地草甸类、温性荒漠类、温性草原化荒漠类等草地。

**毒性：** 全草有毒。假木贼属植物中生物碱含量很高，从该类植物中分离出的生物碱有假木贼碱、无叶毒藜碱、无叶假木贼碱、无叶假木贼定碱、羽扇豆碱、厚果槐碱、无叶豆碱等。另外还有一些吡啶环类化合物如2，6-二甲基吡啶；1-烯-6-羧酸-吡啶。可用于防治菜青虫、蚜虫等多种害虫。

**白垩假木贼** *Anabasis cretacea* Pall.

**形态特征：** 株高5~10（15）cm。根较粗，常微扭。木质茎退缩的肥大茎基褐色，有密绒毛。从茎基发出的幼枝多条，黄绿色或灰绿色，直立，不分枝，具关节，鲜时近圆柱状，干后钝四棱形，平滑。叶极退化，鳞片状。花单生叶腋；外轮3片花被片宽椭圆形，果时具翅，内轮2片无翅；翅膜质，肾形或近圆形，鲜时淡红色，干后红黄褐色。胞果暗红色或橙黄色。花果期8—10月。

**生境：** 生于洪积扇及低山的砾质荒漠及半荒漠。常见于温性荒漠类、温性草原化荒漠类、温性荒漠草原类、温性草原类等草地。

**毒性：** 全草有毒。假木贼属植物中生物碱含量很高，从该类植物中分离出的生物碱有假木贼碱、无叶毒藜碱、无叶假木贼碱、无叶假木贼定碱、羽扇豆碱、厚果槐碱、无叶豆碱等。另外还有一些吡啶环类化合物如2，6-二甲基吡啶；1-烯-6-羧酸-吡啶。可用于防治菜青虫、蚜虫等多种害虫。

### 展枝假木贼 *Anabasis truncata* (Schrenk) Bunge

**形态特征**：根粗壮，圆柱状，径达2~3cm。木质茎退缩成瘤状肥大的茎基；茎基淡褐色至暗褐色，有密绒毛。自茎基发出的当年生幼枝多条，黄绿色或灰绿色，直立，高10~25cm，节间8~12，平滑或有不明显的小凸起，上部分枝；枝对生，平展或斜伸；节间鲜时圆柱状，干后近四棱形。叶极小，鳞片状，长1~2mm，先端钝或尖。花单生叶腋；外轮3片花被片宽椭圆形，果时具翅，内轮2片较窄，无翅或有翅状突起；翅宽椭圆形至近圆形，淡黄色；花盘裂片条形，顶端近截平。胞果黄褐色。花果期8—10月。

**生境**：生于山前冲积洪积扇及低山干旱阳坡的砾石荒漠及草原化荒漠地带。常见于温性荒漠类、温性草原化荒漠类等草地。

**毒性**：全草有毒。假木贼属植物中生物碱含量很高，从该类植物中分离出的生物碱有假木贼碱、无叶毒藜碱、无叶假木贼碱、无叶假木贼定碱、羽扇豆碱、厚果槐碱、无叶豆碱等。另外还有一些吡啶环类化合物如2，6-二甲基吡啶；1-烯-6-羧酸-吡啶。可用于防治菜青虫、蚜虫等多种害虫。

**毛足假木贼** *Anabasis eriopoda* (Schrenk) Benth. ex Volkens

**形态特征：** 植株高 10~30cm，通常呈半球形。木质茎退缩成肥大茎基，密被白色长柔毛；自茎基发出的当年生幼枝，具薄层白色蜡粉。叶钻形成三角状，对生，先端具半透明刺状尖头。花单生叶腋；小苞片蓝绿色或灰绿色，先端有长的半透明刺状尖头；花被片5，外轮3片宽椭圆形，内轮2片狭卵形，果时无翅；花盘裂片半圆形。胞果宽卵形或近球形，果皮肉质，黄色或橙黄色。花果期6—9月。

**生境：** 生于砾质荒漠及干旱山坡。常见于温性荒漠类等草地。

**毒性：** 全草有毒。假木贼属植物中生物碱含量很高，从该类植物中分离出的生物碱有假木贼碱、无叶毒藜碱、无叶假木贼碱、无叶假木贼定碱、羽扇豆碱、厚果槐碱、无叶豆碱等。另外还有一些吡啶环类化合物如 2，6-二甲基吡啶；1-烯-6-羧酸-吡啶。可用于防治菜青虫、蚜虫等多种害虫。

**盐生草** *Halogeton glomeratus* (Bieb.) C. A. Mey.

**形态特征：** 一年生草本，高5~30cm。茎直立，自基部多分枝；枝互生，基部的枝近对生，灰绿色或淡黄绿色，光滑，无毛，无乳头状小突起。叶互生，圆柱形，先端钝，具长刺毛（有时脱落）。花腋生，通常4~6朵聚集成团伞花序，遍布全株；花被片膜质，背面有1条粗脉，果时自背面近顶部生翅；翅半圆形，膜质，几等大，具多数明显的脉，有时翅不发育而花被增厚成革质。种子圆形，直立。花果期7—9月。

**生境：** 生于洪积扇及平原砾质荒漠。常见于温性荒漠类、温性草原化荒漠类、温性荒漠草原类、温性草原类等草地。

**毒性：** 叶有毒。叶含大量草酸钙，能引起牲畜中毒致死。

## 苋科 Amaranthaceae

### 反枝苋 *Amaranthus retroflexus* L.

**形态特征：** 一年生草本。茎直立，密生短柔毛。叶片菱状卵形或椭圆状卵形，顶端有小凸尖，基部楔形。圆锥花序顶生及腋生，直立，花被片矩圆形或矩圆状倒卵形，薄膜质，白色；雄蕊比花被片稍长，柱头3，有时2。胞果扁卵形。种子近球形，棕色或黑色。花期7—8月，果期8—9月。

**生境：** 分布于农田、荒地干山坡，为平原区常见植物，农田常见杂草。常见于温性荒漠类、温性草原化荒漠类、温性荒漠草原类、温性草原类等草地。

**毒性：** 全草有毒，含无机化合物及简单有机化合物。苋属植物在不同的生长时期和环境条件下，都具有积累硝酸盐的能力。随着反枝苋的生长，硝酸盐的吸收率不断增加，在开花前达到最大值，叶片中硝酸盐含量可达30%；其茎和枝也可贮藏大量的硝酸盐。因此，若家畜过量食用会引起中毒，应在结果前拔除。在利用反枝苋作为牛等动物饲料时应该注意采收的季节及放牧地区反枝苋的发生情况，避免引发中毒。

## 石竹科 Caryophyllaceae

**繁缕** *Stellaria media* (L.) Villars

**形态特征：** 一二年生草本。须根。茎多直立或斜升。叶卵形，顶端锐尖，基部渐狭或近心形，全缘，边缘呈波浪状，纸质。花多数，顶生聚伞花序；苞片卵形，绿色，被稀疏的柔毛；萼片5，宽披针形，顶端钝，背面被腺毛；花瓣5，白色与萼近等长或稍短，2深裂；雄蕊5，比花瓣短；子房卵形，花柱3。蒴果卵形，稍长于萼片，顶端6齿裂。种子多数，肾形，稍扁，褐色，表面有疣状突起。花期6—7月，果期7—8月。

**生境：** 生于草地、林下。常见于温性草甸草原类、山地草甸类、高寒草甸类等草地。

**毒性：** 种子、茎和叶有毒。牛羊等家畜多量采食后植物在胃肠道内发酵而结成团块，因此出现如腹胀和腹痛等一系列相应症状。全株含皂苷，叶含烯酸。

## 厚叶繁缕（叶苞繁缕）*Stellaria crassifolia* Ehrh.

**形态特征：**多年生草本，高10~15cm。全株无毛。根状茎细长，匍匐生根。莲纤细，柔弱，斜升。叶无柄，披针状椭圆形或椭圆形，长0.7~1.8cm，宽2~6mm，基部近圆形或渐狭，稍抱茎，全缘。花单生叶腋或顶生；苞片叶状，草质；花梗细长，长约

1cm，果期延长下弯；萼片披针形或广披针形，长3~3.5mm，宽1~1.5mm，先端急尖，边缘宽膜质；花瓣白色，2深裂达基部；雄蕊10，花丝基部加宽，短于花瓣；子房广椭圆状卵形，花柱3。蒴果椭圆状卵形，比萼片稍长，长4~4.5mm，6瓣裂。种子细小，圆肾形，稍扁，长约0.8mm，表面有微小的皱状突起。花果期6—8月。

**生境：**生于沼泽和沼生草甸、高山林缘、渠边草丛。常见于沼泽类、温性草甸草原类、山地草甸类、高寒草甸类等草地。

**毒性：**植株有毒。主要含黄酮类、皂苷类、酚酸类、甾醇类、亚麻酸酯类、环肽类等化学成分。

## 王不留行（麦蓝菜）*Vaccaria hispanica* (Miller) Rauschert

**形态特征：**一年生或二年生草本，高30~70cm。全株无毛，微被白粉，呈灰绿色。根为主根系。茎单生，直立，上部分枝。叶片卵状披针形或披针形，长3~9cm，宽1.5~4cm。伞房花序稀疏。蒴果宽卵形或近圆球形，长8~10mm；种子近圆球形，直径约2mm，红褐色至黑色。花期5—7月，果期6—8月。

**生境：**生于麦田、沟渠边。常见于沼泽类、低地草甸类等草地。

**毒性：**全草有毒，中毒后主要表现为流涎、呕吐和腹泻等胃肠道刺激症状。其中重要的有毒成分是毒草苷，具强烈溶血和胃肠道刺激等毒性作用。

## 高石竹 Dianthus elatus Ledeb.

**形态特征：** 多年生草本。茎直立或上升，上部分枝。叶狭条形，宽达10mm，基部联合成鞘。花1~2朵顶生；萼基部苞片6枚；花萼圆筒状，中部稍鼓；花瓣上面淡紫红或粉红色，被毛，下面黄绿色，顶缘具不整齐齿。蒴果短于宿萼，顶端4裂。花果期7—8月。

**生境：** 生于荒漠化草地的山坡。常见于温性荒漠草原类、温性草原类等草地。

**毒性：** 全草有毒，对胃肠道和皮肤有刺激性，可导致呕吐、皮炎。

## 准噶尔石竹 Dianthus soongoricus Schischk.

**形态特征：** 多年生草本。茎直立或基部上升。叶狭条形，宽0.5~1mm。花单生于茎顶或枝端；苞片4枚，矩圆形或矩圆状椭圆形；花萼圆柱形；花瓣暗红色，稀白色，干燥时变为淡褐色，瓣片长10mm，多裂，裂深几达基部，裂片丝状。蒴果圆柱形，长几等于萼。种子椭圆形，边缘较宽。花果期6—8月。

**生境：** 生于石质山阳坡。常见于温性荒漠类、温性草原化荒漠类、温性荒漠草原类等草地。

**毒性：** 全草有毒，对胃肠道和皮肤有刺激性，可导致呕吐、皮炎。

**瞿麦** *Dianthus superbus* L.

**形态特征：** 多年生草本。丛生，上部多为二叉状分枝。叶线形，基部成短鞘抱于节上。花单生；苞片2~3对，宽卵形；花萼筒状，12~20mm；花瓣5，粉紫色，顶端深裂成细线条，基部成爪，有须毛。蒴果长筒形，顶端4齿裂。种子扁卵圆形，边缘具宽翅。花期7—9月，果期8—9月。

**生境：** 生于山野、草丛、岩石缝中或山地针叶林带。常见于温性草甸草原类、山地草甸类等草地。

**毒性：** 全草有毒，含大黄素甲醚、大黄素、大黄素-8-O-葡萄糖苷等，还含少量生物碱、丁香酚、钾盐等。对胃肠道和皮肤有刺激性，可导致呕吐、皮炎。

## 毛茛科 Ranunculaceae

### 阿尔泰金莲花 *Trollius altaicus* C. A. Mey.

**形态特征：** 茎直立，疏生3~5枚叶。基生叶2~5枚，有长柄；叶五角形，基部心形，3全裂，全裂片互相覆压。花单独顶生；萼片（10~15）18枚，橙色或黄色；花瓣线形，顶端渐变狭，花柱紫色。聚合果直径约1.2cm；种子长约1.2mm，椭圆球形，黑色。花果期6—8月。

**生境：** 生于山坡草地及林下。常见于温性草甸草原类、山地草甸类、高寒草甸类等草地。

**毒性：** 全草有毒，含β谷甾醇、藜芦酸、琥珀酸、香草酸、柯伊利素、荭草苷等。

**白喉乌头** *Aconitum leucostomum* Worosch.

　　**形态特征：** 根状茎长，茎直立。基生叶1~2枚，与茎下部叶具长柄；叶片圆肾形。总状花序长20~45cm；萼片淡蓝紫色，下部白色，上萼片圆筒形，外缘在中部缢缩；花瓣无毛，距比唇长。蓇葖果长1~1.2cm；种子倒卵形，有不明显的3纵棱，生横狭翅。花期7—8月，果期8—9月。

　　**生境：** 生于林缘草地及林下。常见于温性草甸草原类、山地草甸类等草地。

　　**毒性：** 全草有毒。含次乌头碱、刺乌尼定、紫堇定、O–甲基杏黄罂粟碱、N–去甲基可乃亭。

**圆叶乌头** *Aconitum rotundifolium* Kar. et Kir.

　　**形态特征：** 具块根。茎高15~30cm，密被紧贴的反曲短柔毛。基生叶及茎下部叶有长柄；叶片圆肾形，宽3~5cm，3深裂，裂片再3浅裂。总状花序通常较短，含3~5花，轴和花梗密被紧贴的反曲短柔毛，下部苞片叶状或3裂，其他苞片线形；萼片蓝紫色，外面密被紧贴的反曲短柔毛，上萼片镰刀形或船状镰刀形，侧萼片斜倒卵形；花瓣无毛，瓣片极短，长1~1.5mm，下部裂成2条丝形的裂片。蓇葖长0.9~1.3cm；种子倒卵形，长2.5~3mm，有3条纵棱。花期8月。

　　**生境：** 生于高山草地和砾质石坡。常见于温性草甸草原类、山地草甸类等草地。

　　**毒性：** 全草有毒。属于圆叶乌头系，是以内酯型二萜生物碱为主的类群，毒性较小。

## 多根乌头 *Aconitum karakolicum* Rapaics

**形态特征：**块根长2~5cm，粗1~1.8cm，数个形成水平或斜的链。茎高约1m，下部无毛，上部疏被弯曲的短柔毛，密生叶，分枝。茎中部叶具短柄；叶片五角形，长7~11cm，宽7~14cm，3全裂，中央全裂片宽菱形，二回羽状细裂，末回裂片狭线形，顶端渐尖，宽1.5~2.5mm；叶柄短，长0.6~1.5cm。顶生总状花序；轴和花梗疏被贴伏的短柔毛；花梗长1.5~3cm；小苞片生花梗中部之上，钻形；萼片紫色，外面疏被短柔毛，上萼片盔形或船状盔形，具爪，高1.2~2.2cm，自基部至喙长1.1~2cm；花瓣瓣片大，唇长约5.5mm，距长约2mm，向后弯曲；花丝上部疏被短柔毛，全缘或有2小齿；心皮3~5，无毛。花期7—8月，果期8—9月。

**生境：**生于亚高山草甸。常见于山地草甸类等草地。

**毒性：**根部有毒，含乌头碱、乌头芬碱、华北乌头碱、欧乌碱类、多根乌头碱、乌头定、异包尔定、尼奥灵等，用之不当可引起中毒。

### 林地乌头 *Aconitum nemorum* Popov

**形态特征：** 块根小，数个形成斜伸的链。茎直立，等距地生叶。叶片五角形，3全裂，中央全裂片菱形或宽菱形，近羽状分裂，侧裂片不等地2深裂，深裂后再羽状裂。总状花序顶生或分枝顶端，花序疏松，有2~6花；萼片蓝紫色，上萼片盔形。花期7—8月，果期8—9月。

**生境：** 生于山坡草地及云杉林下。常见于温性草甸草原类、山地草甸类等草地。

**毒性：** 全草有毒。属于准噶尔乌头系，化学特征是以高度进化的乌头碱型如乌头碱等和比较原始的胺醇如塔拉萨敏、尼奥灵等，以及$C_{20}$-二萜生物碱为主，有较大毒性。

**拟黄花乌头** *Aconitum anthoroideum* DC.

　　**形态特征：** 块根倒卵球形或圆柱形。茎高20~100cm，等距离生叶。叶片五角形，3全裂，羽状深裂，末回裂片线形。顶生总状花序，下部苞片叶状，其他苞片线形；小苞片与花近邻接，线形；萼片淡黄色，上萼片盔形；花瓣无毛，爪顶部膝状弯曲，距近球形。种子三棱形，黑褐色。花期8月。

　　**生境：** 生于山坡草地和灌丛中。常见于山地草甸类等草地。

　　**毒性：** 地上部分有毒，含乱飞燕草碱、拟黄花乌头定。

### 伊犁翠雀花 *Delphinium iliense* Hunth

**形态特征：** 茎高22~70cm，通常不分枝。基生叶有长柄，茎生叶少，叶柄短；叶片肾形或近五角形。总状花序狭，有5~12朵花；萼片蓝紫色，上萼片卵形，其他萼片倒卵形，距圆筒状钻形；花瓣黑色，近无毛；退化雄蕊黑色，瓣片宽卵形，2浅裂，上部疏被长缘毛，腹面有黄色髯毛。种子沿棱有翅。花期7—8月。

**生境：** 生于天山西部。常见于温性草甸草原类、山地草甸类等草地。

**毒性：** 全草有毒，动物采食过量可引起以呼吸困难、流涎、全身痉挛、肌肉无力和剧烈腹痛为特征的中毒表现。有毒成分是生物碱，目前已分离出的生物碱有翠雀碱、翠雀宾、洋翠雀碱、翠雀碱甲、翠雀碱乙、牛扁碱、甲基牛扁碱等二萜类生物碱。

**船苞翠雀花** *Delphinium naviculare* W. T. Wang

**形态特征：** 茎高40~70cm。基生叶及茎下部叶具长柄；叶片肾状五角形，3深裂，中裂片3浅裂，侧裂片斜扇形，不等地2裂近中部，两面密被长糙毛。总状花序狭长，长约30cm，有多数花。其他苞片船状卵形。小苞片船状卵形或椭圆形；萼片紫色，距圆锥状钻形，直；花瓣黑褐色，无毛；退化雄蕊黑褐色，腹面有淡黄色髯毛。花期8月。

**生境：** 生于山坡草地。常见于温性草甸草原类、山地草甸类等草地。

**毒性：** 全草有毒，动物采食过量可引起以呼吸困难、流涎、全身痉挛、肌肉无力和剧烈腹痛为特征的中毒表现。有毒成分是生物碱，目前已分离出的生物碱有翠雀碱、翠雀宾、洋翠雀碱、翠雀碱甲、翠雀碱乙、牛扁碱、甲基牛扁碱等二萜类生物碱。

### 天山翠雀花 *Delphinium tianshanicum* W. T. Wang

**形态特征：** 茎高（40）60~115cm，被稍向下斜展的白色硬毛。基生叶在开花时通常枯萎，茎下部叶有长柄；叶片五角状肾形，长6~9cm，宽9~14cm，3深裂，中央深裂片菱状倒梯形或宽菱形，急尖，在中部以上3浅裂，有少数锐牙齿，侧深裂片斜扇形，不等2裂近中部，两面被稍密的糙伏毛；叶柄长为叶片的1.5~5倍。顶生总状花序；轴和花梗密被反曲的短糙伏毛；基部苞片3裂，其他苞片披针状线形；萼片脱落，蓝紫色，卵形或倒卵形，外面密被短糙伏毛，距圆筒状钻形，花瓣黑色，微凹；退化雄蕊黑色，瓣片近卵形，2裂，上部有长缘毛，腹面有黄色髯毛；雄蕊无毛；心皮3，子房密被短糙伏毛。蓇葖长0.9~1.1cm；种子倒圆锥状四面体形，长1.5mm，密生成层排列的鳞状横翅。花期7—8月。

**生境：** 生于山坡草地及林缘。常见于山地草甸类等草地。

**毒性：** 全草有毒，动物采食过量可引起以呼吸困难、流涎、全身痉挛、肌肉无力和剧烈腹痛为特征的中毒表现。有毒成分是生物碱，目前已分离出的生物碱有翠雀碱、翠雀宾、洋翠雀碱、翠雀碱甲、翠雀碱乙、牛扁碱、甲基牛扁碱等二萜类生物碱。

## 扁果草 *Isopyrum anemonoides* Kar. et Kir.

**形态特征：** 多年生草本。根状茎细长。茎直立，柔弱，高10~23cm。基生叶多数，有长柄，为二回三出复叶，无毛；叶片轮廓三角形，宽达6.5cm，中央小叶具细柄，等边菱形至倒卵状圆形，长及宽均为1~1.5cm，3全裂或3深裂，表面绿色，背面淡绿色；叶柄长3.2~9cm。茎生叶1~2枚，似基生叶，但较小。单歧聚伞花序，有2~3朵花；苞片卵形，3全裂或3深裂；花梗纤细；花直径1.5~1.8cm；萼片白色，宽椭圆形至倒卵形；花瓣长圆状船形，基部筒状；雄蕊约20。蓇葖扁平，宿存，花柱微外弯，无毛；种子椭圆球形，长约1.5mm，近黑色。花期6—7月，果期7—8月。

**生境：** 生于高山带岩石缝阴湿处。常见于高寒草甸类等草地。

**毒性：** 全草有毒，含氰苷。

**高山唐松草** *thalictrum alpinum* L.

**形态特征：** 多年生小草本，高8~20cm，全株无毛。叶基生，二回羽状三出复叶，小叶薄革质，长和宽均3~5mm，3浅裂。花葶高6~20cm，不分枝，总状花序；花梗向下弯曲；花药狭长圆形，顶端有短尖头。瘦果，长约3mm，有8条粗纵肋。花果期7—8月。

**生境：** 生于高山和亚高山草甸。常见于高寒草甸类等草地。

**毒性：** 全草有毒，根毒性最强，含氢氰酸。

**腺毛唐松草** *Thalictrum foetidum* L.

　　**形态特征：** 植株高15~70cm，密被腺毛。三回近羽状复叶，小叶草质，顶生小叶菱状宽卵型或卵型，基部圆楔形或圆形，有时浅心形，3浅裂。圆锥花序有少数或多数花；花梗细；萼片5，淡黄绿色；花药狭长圆形，顶端有短尖；花丝上部狭线形，下部丝形；柱头三角状箭头形。瘦果半倒卵形，扁平，有8条纵肋，柱头宿存。花期6—7月，果期7—8月。

　　**生境：** 生于山地阳坡草地及灌丛中。常见于温性草甸草原类、山地草甸类等草地。

　　**毒性：** 全草有毒，含氢氰酸、酸模酸。

**亚欧唐松草** *Thalictrum minus* L.

　　**形态特征：** 植株全部无毛。茎下部叶有稍长柄或短柄，茎中部叶有短柄或近无柄，为四回三出羽状复叶；叶片长达20cm；小叶纸质或薄革质，顶生小叶楔状倒卵形、宽倒卵形、近圆形或狭菱形，长0.7~1.5cm，宽0.4~1.3cm，基部楔形至圆形，3浅裂或有疏牙齿，偶而不裂，背面淡绿色，脉不明显隆起或只中脉稍隆起，脉网不明显；叶柄长达4cm，基部有狭鞘。圆锥花序长达30cm；花梗长3~8mm；萼片4，淡黄绿色，脱落，狭椭圆形；雄蕊多数，花药狭长圆形，顶端有短尖头，花丝丝形；心皮3~5，无柄，柱头正三角状箭头形。瘦果狭椭圆球形，稍扁，长约3.5mm，有8条纵肋。花期6—7月。

　　**生境：** 生于林间空地及山坡草地。常见于温性草甸草原类、山地草甸类等草地。

　　**毒性：** 全草有毒，含苄基异喹啉类生物碱。

### 箭头唐松草 *Thalictrum simplex* L.

**形态特征:** 茎高50~100cm。茎生叶二回羽状复叶；茎下部的叶片长达20cm，小叶较大，菱状宽卵形或倒卵形，脉在背面隆起，脉网明显。圆锥花序长9~30cm，分枝与轴成45°角斜上升；萼片4，早落，狭椭圆形。瘦果有8条纵肋。花果期7—8月。

**生境:** 生于山地河谷、灌丛及林缘。常见于温性草甸草原类、山地草甸类等草地。

**毒性:** 全草有毒，根毒性较大，茎叶次之。主要有毒成分为异喹啉类生物碱，有小唐松草碱、小唐松草宁碱、箭头唐松草米定碱、黄唐松草碱、鹤式唐松草碱、唐松草洒明碱、唐松草宁碱、木兰花碱、β–别隐品碱。

**黄唐松草** *Thalictrum flavum* L.

**形态特征：** 植株全部无毛。茎高约1.5m。叶为三回羽状复叶；茎中部叶长约30cm，有柄，顶生小叶楔状倒卵形或狭倒卵形，长4~7cm，宽2.5~5.5cm，上部有3粗齿；茎上部叶长9~15cm，小叶较狭长，楔形或楔状倒披针形，长达4cm，宽达1.8cm，上部有3个狭三角形的锐齿；叶柄鞘局膜质翅。圆锥花序塔形，长约25cm，有多数密集的花；苞片狭线形或钻形，长约2.5mm；花梗细，长5~10mm；萼片4，狭卵形，长约4mm，脱落；雄蕊长约8mm，花药线形，长约2.5mm，顶端有不明显的小尖头，花丝丝形；心皮约10，柱头翅正三角形。花期7月。

**生境：** 山地河谷灌丛和溪边草地。常见于低地草甸类、温性草甸草原类、山地草甸类等草地。

**毒性：** 全草有毒，含苄基异喹啉类生物碱。

## 天山银莲花（伏毛银莲花）

*Anemone narcissiflora* subsp. *protracta* (Ulbrich) Ziman & Fedoronczuk

**形态特征：**叶宽三角状卵形或肾状卵形，3全裂，全裂片无柄，萼片上部无毛，仅下部被疏柔毛。花葶直立；苞片约4，无柄，菱形或宽菱形，3深裂，伞辐2~5，长1~7cm，有柔毛；萼片5（6~7），白色，倒卵形。花期6—7月。

**生境：**生于山坡草地。常见于温性草甸草原类、山地草甸类等草地。

**毒性：**全草有毒，含毛茛苷。其苷元为原白头翁素，具有强烈的刺激作用。

**大花银莲花** *Anemone sylvestris* L.

　　**形态特征：** 多年生草本，高18~50cm。叶片心状五角形，3全裂，中裂片近无柄或有极短柄。花葶1，直立；苞片3，似基生叶；萼片5（6），白色，倒卵形，外面密被绢状短柔毛；花托近球形，子房密被短柔毛，柱头球形。聚合果直径约1cm；瘦果，密被长棉毛。花期5—6月。

　　**生境：** 生于山坡草地。常见于温性草原类、温性草甸草原类、山地草甸类等草地。

　　**毒性：** 全草有毒，含毛茛苷。其苷元为原白头翁素，具有强烈的刺激作用。

## 钟萼白头翁 *Pulsatilla campanella* Fisch. ex Regel et Tiling.

**形态特征：** 多年生草本。基生叶多数，有长柄，二至三回羽状复叶。花葶1~2，直立，有柔毛；总苞长约1.8cm，筒长约2mm，苞片3深裂，背面有长柔毛；花梗结果时伸长；花稍下垂；萼片紫褐色，顶端稍向外弯，外面有绢状绒毛。瘦果纺锤形，有长柔毛，宿存花柱长1.5~2.4cm，密被柔毛。花期5—6月。

**生境：** 生于山坡草地。常见于温性草甸草原类、山地草甸类等草地。

**毒性：** 全草有毒。白头翁根主要含三萜化合物，如白头翁皂苷、白头翁素、原白头翁素等。白头翁外用对黏膜有刺激作用，可作发泡剂。如超量服用或误服，对口腔、胃肠道有强烈的刺激作用，对心脏、血管有毒害作用，可导致内脏血管收缩，末梢血管扩张，严重者抑制呼吸中枢导致死亡。

## 西伯利亚铁线莲 *Clematis sibirica* Miller

**形态特征：** 本质藤本。叶为二回三出复叶。单花，花梗长5~6cm，花基部有密柔毛，无苞片；花钟状下垂；萼片4枚，黄色或淡黄色；退化雄蕊花瓣状，条形，被短柔毛。瘦果倒卵形，微被毛，宿存花柱长3~3.5mm，有黄色柔毛。花果期6—8月。

**生境：** 生于针叶林下及林缘。常见于温性草原类、温性草甸草原类、山地草甸类等草地。

**毒性：** 全草有毒，含刺激性糖苷，导致流涎、呕吐、腹泻。

## 准噶尔铁线莲 *Clematis songorica* Bunge

**形态特征：** 直立小灌木。枝有棱，无毛或稍有柔毛。单叶对生或簇生；叶片薄革质，长圆状披针形，叶分裂程度变异较大，茎下部叶子从全缘至边缘整齐的锯齿，茎上部叶子全缘、边缘锯齿裂至羽状裂。聚伞花序顶生；萼片4，开展，白色或淡黄色，长圆状倒卵形至宽倒卵形，外面密生绒毛，瘦果略扁，密生白色柔毛，宿存花柱长2~3cm。花期6—7月，果期7—8月。

**生境：** 生于荒漠低山麓前洪积扇、石砾质冲积堆及荒漠河岸。常见于温性荒漠草原类、温性草原类等草地。

**毒性：** 全草有毒，含刺激性糖苷，导致流涎、呕吐、腹泻。

## 粉绿铁线莲 *Clematis glauca* Willd.

**形态特征：** 草质藤本。茎纤细，有棱。一至二回羽状复叶；小叶有柄，2~3全裂或深裂、浅裂至不裂，中间裂片较大，椭圆形或长圆形、长卵形，基部圆形或圆楔形，全缘或有少数牙齿，两侧裂片短小。常为单聚伞花序，3花；苞片叶状，全缘或2~3裂；萼片4，黄色，或外面基部带紫红色，长椭圆状卵形，顶端渐尖，除外面边缘有短绒毛外，其余无毛，瘦果卵形至倒卵形。花期6—7月，果期8—10月。

**生境：** 生于山地灌丛、平原河漫滩、田间及荒地等。常见于温性草原类等草地。

**毒性：** 全草有毒，含刺激性糖苷，导致流涎、呕吐、腹泻。

**东方铁线莲** *Clematis orientalis* L.

　　**形态特征：**藤本。茎纤细，有棱。一至二回羽状复叶；小叶有柄，2~3全裂、深裂至不分裂，中间裂片较大，狭长圆形，狭披针形或卵状披针形，长1.5~4cm，宽0.5~1.5cm，基部圆形或圆楔形，全缘或基部又1~2浅裂，两侧裂片较小；叶柄长4~6cm；小叶柄长1.5~2cm。圆锥状聚伞花序或单聚伞花序，多花或少至3花，苞片叶状，全缘；萼片4，黄色、淡黄色或外面稍带紫红色，斜上展，披针形或长椭圆形，长1.8~2cm，宽4~5mm，内外两面有柔毛，背面边缘被有短绒毛；花丝线形，有短柔毛，花药无毛。瘦果卵形、椭圆状卵形至倒卵形，扁，长2~4mm，宿存花柱被长柔毛。花期6—7月，果期8—9月。

　　**生境：**生于河漫滩、沟旁及田边。

　　**毒性：**全草有毒，含强心苷等。

**浮毛茛** *Ranunculus natans* C. A. Mey.

**形态特征：** 多年生水生草本。茎多数，蔓生，节处生根和有分枝。叶片肾形或肾圆形，基部浅心形或近截形，3~5浅裂，裂片圆钝。花单生，直径约7mm；萼片卵圆形，开展，无毛；花瓣5，倒卵圆形，稍长于萼片，有3~5脉，下部骤然变窄成长约1mm的爪，蜜槽点状，位于爪的上端；花托肥厚，散生短毛。聚合果近球形，瘦果多，卵球形，稍扁，背腹纵肋常内凹成细槽，喙短。花果期6—7月。

**生境：** 生于山地溪沟浅水中或沼泽水边。常见于沼泽类、低地草甸类等草地。

**毒性：** 全草有毒。毛茛属植物含有毛茛科特有的毛茛苷、原白头翁素、白头翁素等化学成分。可用作土农药，杀蚊、蝇等的幼虫。

**单叶毛茛** *Ranunculus monophyllus* Ovcz.

**形态特征：** 多年生草本。茎直立，单一或上部分枝，高20~30cm；基生1~2枚，叶片圆肾形，基部圆心形，浅裂至3深裂不达基部，边缘粗齿裂，茎生叶3~7掌状全裂，裂片披针形或线状披针形；花单生；萼片椭圆形，外面疏生柔毛；花瓣5，黄色或上部变白色，倒卵圆形；聚合果卵球形，瘦果卵球形，稍扁，密生短柔毛，喙直伸或弯曲。花果期5—6月。

**生境：** 生于山地林缘及林间草地。常见于温性草甸草原类、山地草甸类等草地。

**毒性：** 全草有毒。毛茛属植物含有毛茛科特有的毛茛苷、原白头翁素、白头翁素等化学成分。可用作土农药，杀蚊、蝇等的幼虫。

### 鸟足毛茛 *Ranunculus brotherusii* Freyn

**形态特征：** 多年生草本。茎直立，高3~10cm，果期高可达18cm，单一或分枝，密被向上伏贴的白色柔毛。基生叶多数，叶片肾圆形，3深裂或达基部，中裂片长圆状倒卵形或披针形，全缘或有3齿，侧裂片2中裂至2深裂，密被伏贴的白柔毛，上部叶无柄，3~5深裂，末回裂片线形。花单生于茎顶；萼片卵形，背面密被向上伏贴的柔毛；花瓣5，长卵圆形。聚合果矩圆形；瘦果卵球形，喙直伸或顶端弯。花期7月，果期8月。

**生境：** 常见于高寒草甸类等草地。

**毒性：** 全草有毒。毛茛属植物含有毛茛科特有的毛茛苷、原白头翁素、白头翁素等化学成分。可用作土农药，杀蚊、蝇等的幼虫。

## 天山毛茛 *Ranunculus popovii* Ovczinnikov

**形态特征：** 多年生草本。茎高达12cm，密被淡黄色柔毛。基生叶约4枚，叶五角形或宽卵形，长0.9~1.4cm，宽0.9~1.8cm，基部近平截或截状心形，3深裂，中裂片窄倒卵形或长椭圆形，不裂或3浅裂，侧裂片斜倒卵形或斜扇形，不等2裂，上面无毛，下面疏被毛，叶柄长2~2.8cm；茎、一生叶较小，掌状全裂。单花顶生。花托被毛；萼片5，圆卵形，长约4mm；花瓣5，倒卵形，长5~6mm；雄蕊多数。瘦果斜椭圆状球形，长1.2~2mm，疏被柔毛；宿存花柱长0.8~1mm。花期7—8月。

**生境：** 生于天山高山和亚高山草甸。常见于山地草甸类等草地。

**毒性：** 全草有毒。毛茛属植物含有毛茛科特有的毛茛苷、原白头翁素、白头翁素等化学成分。可用作土农药，杀蚊、蝇等的幼虫。

### 多根毛茛 *Ranunculus polyrhizus* Stephan ex Willdenow

**形态特征：** 多年生草本。茎直立，高5~20cm。基生叶数枚，叶片肾状圆形，3深裂或3全裂，一回裂片倒卵状楔形，基部狭窄，或下延成小叶柄。上部叶无柄，叶片3~5全裂，裂片长圆形至线形。花单生茎顶和枝端；萼片宽卵圆形，边缘宽膜质或窄膜质；花瓣5，倒卵形。聚合果近球形；瘦果卵球形，密生细毛，有纵肋，喙短直。花期5月，果期6月。

**生境：** 生于低山阳坡草地和林缘。常见于温性草甸草原类、山地草甸类等草地。

**毒性：** 全草有毒。毛茛属植物含有毛茛科特有的毛茛苷、原白头翁素、白头翁素等化学成分。可用作土农药，杀蚊、蝇等的幼虫。

## 新疆毛茛 *Ranunculus songoricus* Schrenk

**形态特征：** 多年生草本。茎直立或斜上升，高20~35cm。基生叶数枚；叶片圆心形，3深裂几达基部，裂片宽楔形，上部3~5浅齿裂。下部茎生叶与基生叶相似，上部茎生叶掌状深裂，裂片长披针形至线形。花单生；萼片椭圆形，淡绿色，背面有白色柔毛；花瓣5，宽倒卵形；花托长圆形，生白色短毛。聚合卵球形；瘦果卵球形，喙长顶端呈钩状弯曲。花果期6—8月。

**生境：** 生于河谷沟边草地。常见于温性草甸草原类、山地草甸类等草地。

**毒性：** 全草有毒。毛茛属植物含有毛茛科特有的毛茛苷、原白头翁素、白头翁素等化学成分。可用作土农药，杀蚊、蝇等的幼虫。

## 毛托毛茛 *Ranunculus trautvetterianus* Rgl. ex Ovcz.

**形态特征：** 多年生草本。茎近直立。基生叶多数，叶片肾状圆形，基部心形，3深裂不达基部，中裂片倒卵形，上部3浅裂，侧裂片卵圆形，边缘有4~7个不等地裂齿；茎生叶2~3枚，无柄，掌状深裂，裂片披针形或长圆状披针形。花单生于茎顶或分枝顶端；花瓣5~8枚，边缘及内侧有纤毛；花托生短毛。聚合果近球形；瘦果卵球形，无毛，喙短而稍弯曲。花果期6—8月。

**生境：** 生于河滩草甸和林缘。常见于温性草甸草原类、山地草甸类等草地。

**毒性：** 全草有毒。毛茛属植物含有毛茛科特有的毛茛苷、原白头翁素、白头翁素等化学成分。可用作土农药，杀蚊、蝇等的幼虫。

## 裂叶毛茛 *Ranunculus pedatifidus* Sm.

**形态特征：** 多年生草本。茎高达25cm，疏被白色柔毛。基生叶及下部茎生叶肾状五角形或近圆形，长1~1.7cm，宽1.7~2.6cm，基部心形，3深裂近基部，中裂片窄楔形，3裂，二回裂片近线形，侧裂片斜扇形，具4~5线形小裂片，两面疏被柔毛；叶柄长2~4.5cm。花1~2朵生于茎或分枝顶端。花托密被毛；萼片5，宽卵形，长5mm；花瓣5，宽倒卵形，长0.6~1cm；雄蕊多数。瘦果倒卵球形，长1.5~2mm，被毛，稀无毛，宿存花柱长0.4~0.7mm。花期6—8月。

**生境：** 生于山坡草地。常见于山地草甸类等草地。

**毒性：** 全草有毒。毛茛属植物含有毛茛科特有的毛茛苷、原白头翁素、白头翁素等化学成分。可用作土农药，杀蚊、蝇等的幼虫。

### 石龙芮 *Ranunculus sceleratus* L.

**形态特征：** 一年生草本。须根簇生。茎直立，高 10~50cm，直径 2~5mm，有时粗达 1cm，下部节上有时生根。基生叶多数；叶片肾状圆形，基部心形，3 深裂不达基部，裂片倒卵状楔形，不等地 2~3 裂，有粗圆齿；叶柄长 3~15cm，近无毛。茎生叶多数，下部叶与基生叶相似；上部叶较小，3 全裂，裂片披针形至线形，全缘，无毛，顶端钝圆，基部扩大成膜质宽鞘抱茎。聚伞花序有多数花；花小，直径 4~8mm；花梗长 1~2cm，无毛；萼片椭圆形，长 2~3.5mm，外面有短柔毛，花瓣 5，倒卵形，等长或稍长于花萼，基部有短爪，蜜槽呈棱状袋穴；雄蕊 10 多枚，花药卵形；花托在果期伸长增大呈圆柱形，生短柔毛。聚合果长圆形；瘦果极多数，倒卵球形。花果期 5—8 月。

**生境：** 生平原湿地和低山河沟边。常见于沼泽类、低地草甸类等草地。

**毒性：** 全草有毒，花毒性较大。毛茛属植物含有毛茛科特有的毛茛苷、原白头翁素、白头翁素等化学成分。可用作土农药，杀蚊、蝇等的幼虫。

**毛茛** *Ranunculus japonicus* Thunb.

**形态特征：** 多年生草本。茎直立，高30~60cm，生开展或贴伏的柔毛。基生叶多数；叶片圆心形或轮廓五角形，通常3深裂不达基部，中裂片倒卵状楔形或宽卵圆形或菱形，3浅裂，边缘有粗齿或缺刻；叶柄长达15cm，生开展柔毛；下部叶与基生叶相似，最上部叶线形，全缘，无柄。聚伞花序通常有3~5花，疏散；花直径1.5~2.2cm；花梗长达8cm，贴生柔毛；萼片椭圆形，长4~6mm，生白柔毛；花瓣5，倒卵圆形，基部有长约0.5mm的爪，蜜槽鳞片长1~2mm；花托短小，无毛。聚合果近球形，瘦果扁平，长2~2.5mm，边缘有宽约0.2mm的棱，无毛，喙短直或外弯，长约0.5mm。花果期6—8月。

**生境：** 生于山地河谷、草地。常见于温性草甸草原类、山地草甸类等草地。

**毒性：** 全草有毒。毛茛属植物含有毛茛科特有的毛茛苷、原白头翁素、白头翁素等化学成分。可用作土农药，杀蚊、蝇等的幼虫。

**短喙毛茛** *Ranunculus meyerianus* Rupr.

**形态特征：** 多年生草本。根状茎短，须根伸长。茎直立，高约50cm，上部分枝，生开展的长柔毛。基生叶圆心形，3深裂达基部或3全裂，裂片二至三回3深裂，末回裂片长圆状披针形，宽约5mm，两面均生有伏贴长硬毛；叶柄长10~20cm，被开展的长糙毛；上部叶渐变小，3~5深裂，裂片线形，全缘，宽2~4mm，鞘部及边缘密生长硬毛；最上部的叶呈苞片状。聚伞花序有较多花；花梗长2~5cm，密生硬毛，花直径2.2~2.6cm；萼片卵形，长5~7mm，外面生长硬毛，边缘宽膜质；花瓣5，近圆形，基部有短宽的爪，蜜槽片长约1mm；花药长圆形，长1.8~2.2mm；花托密生柔毛。聚合果卵球形；瘦果扁平，无毛，边缘有明显的棱，喙短。花果期6—8月。

**生境：** 生于林缘及山坡草地。常见于温性草原类、温性草甸草原类、山地草甸类等草地。

**毒性：** 全草有毒。毛茛属植物含有毛茛科特有的毛茛苷、原白头翁素、白头翁素等化学成分。可用作土农药，杀蚊、蝇等的幼虫。

**五裂毛茛** *Ranunculus acer* L.

**形态特征：**多年生草本。根状茎不发育，须根伸长，簇生。茎高30~60cm，上部长分枝，生稀疏柔毛，上部分枝被贴生柔毛。基生叶多数；叶片五角形，掌状5深裂达基部，裂片长圆状菱形或长圆状披针形，裂片不等地齿裂，裂齿稍尖，散生柔毛或无毛；叶柄长7~12cm，生稀疏柔毛，基部有宽鞘。花直径1.5~2cm；花梗贴生柔毛；萼片卵圆形，长4~7mm，背面生柔毛；花瓣宽倒卵形，长7~10mm，基部有短爪，蜜槽鳞片卵形；花药长圆形，长约2mm；花托无毛。聚合果卵球形，直径约0.8cm，瘦果扁平，长2.5mm，边缘有窄棱，喙短，基部变宽，顶端弯。花果期6—8月。

**生境：**生于河谷草甸。常见于低地草甸类、山地草甸类等草地。

**毒性：**全草有毒。毛茛属植物含有毛茛科特有的毛茛苷、原白头翁素、白头翁素等化学成分。可用作土农药，杀蚊、蝇等的幼虫。

**三裂碱毛茛** *Halerpestes tricuspis* (Maxim.) Hand.-Mazz.

**形态特征：**多年生小草本。匍匐茎纤细伸长。节处生根和簇生数叶。叶多数，基生，质地较厚，形状多变异，基部楔形至截圆形，3浅裂至3中裂或3深裂。花葶高2~4cm；花单生；萼片卵状长圆形，边缘膜质；花瓣5，黄色或表面白色，狭椭圆形；雄蕊约20；花托有短柔毛。聚合果近球形；瘦果20多枚。花果期5—8月。

**生境：**生河漫滩草甸、轻盐渍化沼泽地及溪沟旁。常见于沼泽类、低地草甸类草地。

**毒性：**有毒，含多种生物碱。

**水葫芦苗（碱毛茛）** *Halerpestes sarmcntosa* (Adams) Komarov & Alissova

**形态特征：** 多年生草本。高3~12cm，匍匐茎细长，节上生根和叶。叶全部基生，叶片近圆形。苞片线形；花小；萼片绿色，反折；花瓣5，狭椭圆形；花托圆柱形，有短柔毛。聚合果椭圆球形；瘦果小而极多，斜倒卵形。花果期5—9月。

**生境：** 生于盐碱化湿草甸和湖边沼泽地。常见于沼泽类、低地草甸类草地。

**毒性：** 全草有毒，含多种生物碱。

**角果毛茛** *Ceratocephala testiculata* (Crantz) Roth

**形态特征：** 一年生矮小草本，植株高3~10cm，全体有绢状短柔毛。叶基生，3全裂，中裂片线形，侧裂片1~2回细裂或不分裂，末回裂片线形；花小，萼片绿色，5数，外面密被柔毛；花瓣黄色或黄白色，5数，披针形；雄蕊约10。聚合果长圆形至圆柱形；瘦果多数，扁卵形，喙与果体近等长，顶端有黄色硬刺。花果期3—5月。

**生境：** 常见于温性荒漠类、温性草原化荒漠类、温性荒漠草原类、温性草原类等草地。

**毒性：** 全草有毒，含多种生物碱。

## 罂粟科 Papaverceae

### 白屈菜 *Chelidonium majus* L.

**形态特征：** 多年生草本，高30~80cm，具黄色汁液。根茎褐色。茎分枝，被短柔毛。基生叶倒卵状长圆形或宽倒卵形，羽状全裂，裂片2~4对，倒卵状长圆形，具不规则深裂或浅裂，裂片具圆齿，上面无毛，下面被白粉，疏被短柔毛；茎生叶互生，具短柄。花多数，伞形花序腋生，具苞片。花瓣4，倒卵圆形，黄色，雄蕊多数。蒴果线状圆柱形，成熟时由基部向上开裂。种子多数，卵球形，黄褐色。花果期5—10月。

**生境：** 生于山坡草甸、山谷林缘草地。常见于低地草甸类、温性草原类、温性草甸草原类、山地草甸类等草地。

**毒性：** 全草有毒。所含橘黄色乳汁味苦辣，对皮肤刺激性强，触及嘴唇使之肿大，咽下引起呕吐、痉挛和昏睡。主要含苯啡里啶型生物碱，其次是小檗碱型生物碱，还有阿片碱、可待因等。主要有毒成分是白屈菜碱。

**鳞果海罂粟（新疆海罂粟）** *Glaucium squamigerum* Kar. et Kir.

**形态特征：** 二年生或多年生草本，高15~40cm。茎多数，直立，不分枝，被白色软刺状毛。基生叶多数，呈莲座状，蓝灰色，羽状深裂或浅裂，齿端具尖刺。茎生叶少、小，羽状裂或不裂，裂片前端具尖刺。花单生于茎顶，具长柄；萼片边缘白色，被鳞片；花瓣近圆形，淡黄色。蒴果角果状，直或弓形弯曲。种子肾状半圆形，淡黄色或褐色。花果期4—7月。

**生境：** 生于荒漠石质山坡、山前平原、戈壁和丘陵。常见于温性荒漠类、温性草原化荒漠类、温性荒漠草原类等草地。

**毒性：** 全草有毒，含吗啡、可待因与蒂巴因等多种生物碱。

**天山海罂粟** *Glaucium elegans* Fisch. et Mey.

**形态特征：** 一年生草本，高20~30cm，全株带蓝灰色。茎直立。基生叶莲座状，倒卵状长椭圆形，大头羽状浅裂，边缘具波状或宽钝的大齿，齿端有短的尖刺；茎生叶无柄，宽卵圆形，向上渐小，具大的宽钝齿，齿端有尖刺。花瓣黄色，中部红色，基部有黑色斑块；雌蕊子房柱状，被乳头状短柱状毛，柱头2裂。蒴果角果状，多弓状弯曲，果瓣由下向上裂开，被向上的短柱状毛。种子矩形。花果期4—7月。

**生境：** 生于荒漠地带的石质山坡。常见于温性荒漠类、温性草原化荒漠类、温性荒漠草原类等草地。

**毒性：** 全草有毒，含吗啡、可待因与蒂巴因等多种生物碱。

**野罂粟** *Papaver nudicaule* L.

**形态特征：** 多年生草本，高达60cm。根茎粗短，常不分枝，密被残枯叶鞘。茎极短。叶基生，卵形或窄卵形，长3~8cm，羽状浅裂、深裂或全裂，裂片2~4对，小裂片披针形或长圆形，两面稍被白粉，被刚毛，稀近无毛；叶柄长（1）5~12cm，基部鞘状，被刚毛。花葶1至数枝，被刚毛，花单生花葶顶端。花蕾密被褐色刚毛。萼片2，早落；花瓣4，宽楔形或倒卵形，长（1.5）2~3cm，具浅波状圆齿及短爪，淡黄、黄或橙黄色，稀红色；花丝钻形；柱头4~8，辐射状。果窄倒卵圆形、倒卵圆形或倒卵状长圆形，长1~1.7cm，密被平伏刚毛，具4~8肋；柱头盘状，具缺刻状圆齿。种子近肾形，褐色，具条纹及蜂窝小孔穴。花果期5—9月。

**生境：** 生于林缘。常见于温性草甸草原类、山地草甸类等草地。

**毒性：** 全草有毒，花、果毒性较大。可使心脏停搏、呕吐、昏迷。果中含野罂粟碱、黑龙辛甲醚、野罂粟醇等生物碱。

### 天山罂粟 *Papaver tianschanicum* M. Pop.

**形态特征：** 多年生草本，植株矮小，全株被刚毛。叶全部基生，叶片轮廓披针形至卵形，羽状分裂，裂片2~3对，长圆形、椭圆形或披针形，两面被紧贴的刚毛；叶柄长2~7cm，平扁，被紧贴的刚毛，基部扩大成鞘。花葶1至数枚，直立或有时弯曲，圆柱形，被刚毛。花单生于花葶先端；花蕾椭圆形或椭圆状圆形，被褐色或金黄色刚毛；萼片2，舟状宽卵形；花瓣4，宽倒卵形或扇形，黄色或橘黄色；雄蕊多数，花丝丝状，花药长圆形，黄色；子房倒卵状长圆形，被紧贴的刚毛，柱头约6，辐射状。蒴果长圆形或倒卵状长圆形，被紧贴的刚毛；柱头盘状，扁平。花果期6—8月。

**生境：** 生长在高山草甸。常见于山地草甸类、高寒草甸类等草地。

**毒性：** 有毒，含可待因、蒂巴因等生物碱。

**烟堇** *Fumaria officinalis* L.

**形态特征：** 一年生草本，高10~35cm。茎直立，多分枝。总状花序，每花下有1小苞片。花瓣4，紫色或淡紫色，排列为2轮。雄蕊6，花丝扁平，花药细小，球形。花梗顶端稍膨大，常宿存，小坚果球形而稍扁。种子1枚，扁圆形，种脐处黑色。花期4—5月。

**生境：** 生于平原区及前山带。常见于温性荒漠类、温性草原化荒漠类、温性荒漠草原类等草地。

**毒性：** 全草有毒，可杀虫。全草含异哇琳族生物碱、延胡索碱、隐性番木瓜碱、有机酸、鞣质等。

**短梗烟堇** *Fumaria vaillantii* Loisel.

**形态特征：** 一年生草本，高10~30cm。茎直立。叶具柄，二回复叶，末级裂片线形或倒披针状线形。总状花序；苞片线形；萼片2，鳞片状；花瓣4，排列成2轮，外轮远轴瓣条形，长约4mm，顶端加厚而微拱，绿色，边缘膜质，淡紫色，近轴瓣有粗距，长约5mm，顶端加厚而微拱，绿色，边缘淡紫色，与另一瓣包被于内轮之外，内轮2片线形，长约3.8mm，顶端深紫色，近基1mm处稍缢缩；雄蕊6，联合成1束，长约3.25mm，花丝扁平，下部约1.25mm成卵形，宽约0.6mm，上部变窄成丝状；雌蕊子房卵形，长约1.5mm，花柱细，长约2mm。果梗长约2mm，小坚果球形，直径1.8~2mm。花期5—7月。

**生境：** 生长在绿洲的田边、宅旁，低山草甸。常见于温性荒漠类、温性草原化荒漠类、温性荒漠草原类、温性草原类等草地。

**毒性：** 全草有毒，对肺有害。全草含异哇啉族生物碱、延胡索碱、隐性番木瓜碱、有机酸、靴质等。

## 十字花科 Cruciferae

**独行菜** *Lepidium apetalum* Willdenow

**形态特征：** 一年生或二年生草本，高5~30cm。茎直立或斜升，多分枝，被微小头状毛。基生叶莲座状，平铺地面，羽状浅裂或深裂，叶片狭匙形；茎生叶狭披针形至条形，有疏齿或全缘；总状花序顶生；花小，不明显；花梗丝状，被棒状毛；萼片舟状，呈椭圆形，无毛或被柔毛，具膜质边缘；花瓣极小，匙形，白色。短角果近圆形，种子椭圆形，棕红色，平滑。花期5—7月。

**生境：** 生长山地及平原的山坡、山沟及村落附近，是常见的杂草。常见于温性荒漠类等草地。

**毒性：** 种子有毒，含强心苷。

**菥蓂（遏蓝菜）** *Thlaspi arvense* L.

**形态特征：**一年生草本，高20~40cm，茎直立。基生叶长圆状披针形或倒披针形，基部箭形，有短柄，茎生叶无柄，卵形或披针形，抱茎。总状花序顶生；花瓣倒卵圆形，白色；雄蕊6枚，4强，花药卵形。短角果近圆形，具宽翅，先端稍凹陷。种子小，倒卵形。花果期4—7月。

**生境：**生于平原农区的田中及田旁，有时也进入草甸。常见于温性荒漠类、温性草原化荒漠类、温性荒漠草原类、温性草原类、温性草甸草原类等草地。

**毒性：**种子有毒，含苷类。

**小花糖芥** *Erysimum cheiranthoides* L.

**形态特征：** 一年生草本，高达50cm。茎被丁字毛。基生叶莲座状，叶长2~4cm，被丁字毛和3叉毛，柄长0.7~2cm；茎生叶披针形或线形，长2~6cm，具波状疏齿或近全缘，两面具3叉毛。总状花序。萼片长圆形或线形，长2~3mm，外面具3叉毛；花瓣淡黄色，匙形，长4~5mm，先端圆或平截，基部具爪。长角果圆柱形，具4棱，长2~4cm，具3叉毛；花柱长约1mm，柱头头状；果柄粗，长0.5~1.3cm。种子卵圆形，长1~1.3mm，淡褐色。花果期5—6月。

**生境：** 生于荒漠带、草原带及森林带的山坡、谷地。常见于温性草甸草原类、山地草甸类等草地。

**毒性：** 全草有毒。种子含多种强心苷，有葡萄糖糖芥苷、糖芥醇苷、灰毛糖芥苷、桂毛香糖芥草苷、糖芥毒醇苷、糖芥毒苷等，水解产生毒毛施花子苷元、卡诺醇或脱水灰毛糖芥苷元、毒毛旋花子醇。具强心作用。

### 新疆大蒜芥 *Sisymbrium loeselii* L.

**形态特征：**一年生草本，高20~100cm，具长单毛。茎直立。叶片羽状深裂至全裂，中下部茎生叶顶端裂片较大，三角状长圆形或戟形，两侧具波状齿或小齿，侧裂片倒锯齿状。花序花时伞房状，果时伸长成总状；花瓣黄色，长圆形至椭圆形；角果圆筒状，具棱，略弯曲。种子椭圆状长圆形，淡橙黄色。花期5—8月。

**生境：**常见于温性荒漠类、温性草原化荒漠类、温性荒漠草原类、温性草原类等草地，农区亦有分布。

**毒性：**种子有毒，含有一定量的芥子碱、单宁等化学物质，都有一定的毒性。

**播娘蒿** *Descurainia sophia* (L.) Webb ex Prantl

**形态特征:**
一年生草本，高20~80cm。茎直立，分枝多，常于下部成淡紫色。叶为3回羽状深裂，末回裂片条形或长圆形。花序花时伞房状，果时伸长成总状；萼片直立，早落，长圆状条形，背面有分叉的细柔

毛；花瓣黄色，长圆状倒卵形；雄蕊长于花瓣1/3。果梗长1~2cm；长角果圆筒状，无毛，稍内曲，与果梗不成直线；果瓣中脉明显。种子小，长圆形，长约1mm，稍扁，淡红褐色，表面有细网纹。花期4—5月。

**生境:** 生于农业区农田及低海拔的草甸、林缘。常见于温性荒漠类、温性草原化荒漠类、温性荒漠草原类、温性草原类等草地。

**毒性:** 全草有毒。有毒成分为糖苷类，种子含强心苷。

## 蔷薇科 Rosaceae

**天山花楸** *Sorbus tianschanica* Rupr.

**形态特征：**小乔木，高3~5m。小枝粗壮，褐色或灰褐色，嫩枝红褐色，初时有绒毛，后脱落；芽长卵形，较大，外被白色柔毛。奇数羽状复叶，有小叶6~8对，卵状披针形，长4~6cm，宽1~1.5cm，先端渐尖，基部圆形或宽楔形，边缘有锯齿，近基部全缘，有时从中部以上有锯齿，两面无毛，下面色淡，叶轴微具窄翅，上面有沟，无毛；托叶线状披针形，早落。复伞房花序；花轴和小花梗常带红色，无毛；萼片外面无毛；花瓣卵形或椭圆形，白色；雄蕊15~20，短于花瓣；花柱常5，基部被白色绒毛。果实球形，直径约1cm，暗红色，被蜡粉。花期5月，果期8—9月。

**生境：**生于林缘或林中空地。常见于温性草原类、温性草甸草原类等草地。

**毒性：**全株有小毒，含黄酮类、氰苷类、萜类和甾体类化合物。

**水杨梅（路边青）** *Geum chiloense* Balb. ex Ser.

**形态特征：**
多年生草本，高 40~80cm。基生叶为极不整齐的大头羽状复叶，顶生小叶最大，边缘具浅裂片或不规则的粗锯齿，茎生叶3浅裂或羽状裂；茎生托叶大，

卵形，边缘具齿。花单朵顶生；花瓣黄色；萼片卵状三角形，副萼片狭小，披针形。聚合果倒卵球形，瘦果被毛，花柱宿存，顶端具钩状喙。花期6—7月。

**生境：** 生于山坡草地、林缘或溪旁。常见于低地草甸类、温性草甸草原类、山地草甸类等草地。

**毒性：** 全草有毒，含黄酮类山奈酚、槲皮素，黄酮苷山奈酚-3-O-β-D-葡萄糖苷、槲皮素-3-O-β-D-葡萄糖苷，三萜类熊果酸，甾体类β-谷甾醇、胡萝卜苷，酚酸类对羟基苯甲酸。

**地榆** *Sanguisorba officinalis* L.

**形态特征：** 多年生草本，高20~120cm。根粗壮，多呈纺锤形。茎直立，有棱。基生叶为奇数羽状复叶，小叶9~15；小叶卵形或长圆状卵形，边缘有锯齿；茎生叶较少。穗状花序；苞片膜质，披针形，顶端渐尖，背面及边缘有柔毛；萼片4，紫红色，花瓣状；花瓣缺；雄蕊4。瘦果褐色，具4棱。花果期6—9月。

**生境：** 生于河边灌丛、山坡草地及林缘。常见于温性草甸草原类、山地草甸类等草地。

**毒性：** 全草有毒。地榆含有较多的鞣质类成分，包括地榆素、鞣花酸、没食子酸、儿茶素等，还含有其特有成分地榆皂苷Ⅰ、地榆皂苷Ⅱ等。

## 豆科 Leguminosae

### 苦豆子 *Sophora alopecuroides* L.

**形态特征：** 枝被白色或淡灰白色长柔毛或贴伏柔毛。羽状复叶；小叶7~13对。总状花序顶生；花多数，密生；花冠白色或淡黄色。荚果串珠状。种子卵球形，稍扁，褐色或黄褐色。花期5—6月，果期8—10月。

**生境：** 生于干旱沙漠和草原边缘地带、农区。常见于温性荒漠类、温性草原化荒漠类、温性荒漠草原类等草地。

**毒性：** 全草有毒，牲畜食后轻则消化不良，重则痉挛；人口服15粒以上种子出现头晕、呕吐、烦躁、心悸、面色苍白，可治菌痢。全草含多种生物碱，如苦豆子碱、槐果碱、苦参碱、三丁烯四胺等。

## 高山黄华（高山野决明）*Thermopsis alpina* (Pall.) Ledeb.

**形态特征：** 多年生草本。茎直立，具沟棱。托叶卵形，上面无毛，下面和边缘被长柔毛，后渐脱落；小叶线状倒卵形至卵形，先端渐尖，基部楔形。总状花序顶生，具花2~3轮，2~3朵花轮生；苞片与托叶同型，被长柔毛；萼钟形，被伸展柔毛，背侧稍呈囊状隆起，上方2齿合生，三角形，下方萼齿三角状披针形，与萼筒近等长；花冠黄色，花瓣均具长瓣柄，旗瓣阔卵形或近肾形，先端凹缺，基部狭至瓣柄，翼瓣与旗瓣几等长，与翼瓣近等宽；子房密被长柔毛，具短柄，胚珠4~8粒。荚果长圆状卵形，先端骤尖至长喙，扁平，亮棕色，被白色伸展长柔毛，种子处隆起，通常向下稍弯曲；有3~4粒种子。种子肾形，微扁，褐色，种脐灰色，具长珠柄。花期5—7月，果期7—8月。

**生境：** 生于高山冻原、苔原、砾质荒漠、草原和河滩沙地。常见于温性草甸草原类、山地草甸类、高寒草甸类等草地。

**毒性：** 全草有小毒，鲜枝叶对牲畜有毒，牛羊仅冬季才食用。含金雀花碱。黄华属植物的大多数生物碱都作用于中枢和外周神经系统，特别是呼吸和血管运动中枢，也作用于脑，小剂量产生兴奋，大剂量则有麻痹作用，同时还出现恶心、呕吐等症状。

## 披针叶黄华（披针叶野决明）*Thermopsis lanceolata* R. Br.

**形态特征：** 多年生草本，茎直立，具沟棱，被柔毛。3小叶；叶柄短，长3~8mm；托叶叶状，上面近无毛，下面被贴伏柔毛；小叶狭长圆形、倒披针形，下面多少被贴伏柔毛。总状花序顶生，具花2~6轮，排列疏松；苞片卵形，宿存；萼钟形，密被毛，背部稍呈囊状隆起，上方2齿连合，三角形，下方萼齿披针形，与萼筒近等长。花冠黄色，旗瓣近圆形，先端微凹，翼瓣长2.4~2.7cm，先端有长4~4.3mm的狭窄头，龙骨瓣长2~2.5cm，宽为翼瓣的1.5~2倍；子房密被柔毛，具柄，胚珠12~20粒。荚果线形，先端具尖喙，被细柔毛，黄褐色，种子6~14粒，位于中央。种子圆肾形，黑褐色，具灰色蜡层，有光泽。花期5—7月，果期6—10月。

**生境：** 生于草原沙丘、河岸和沙砾滩。常见于温性草甸草原类、山地草甸类等草地。

**毒性：** 全草有毒，花、果毒性较大，可使心脏停搏、呕吐、昏迷。主要生物碱有金雀花碱、野决明碱、d-鹰爪豆碱等，还有N-甲基金雀花碱、臭豆碱、野决明胺碱、黄华碱A和碱B等。此外，植物地上部分还有少量黄酮类化合物。

 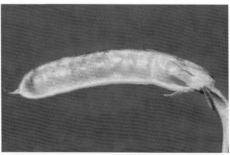 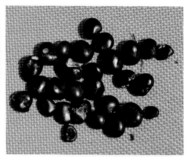

### 新疆百脉根 *Lotus fondosus* (Freyn) Kupr.

**形态特征：** 多年生草本，高 10~35cm。茎基部多分枝，中空。羽状复叶有小叶 5；顶端 3 小叶，倒卵形至倒卵状椭圆形，下端 2 小叶斜卵形。伞形花序；苞片 3，叶状；花萼钟形；花冠橙黄色，具红色斑纹。荚果圆柱形。花期 5—8 月，果期 7—10 月。

**生境：** 生于湿润的盐碱草滩和沼泽边缘。常见于沼泽类、低地草甸类等草地。

**毒性：** 全草有小毒。本种含生物碱较多，鲜草牲畜不食。

**白花草木樨** *Melilotus albus* Desr.

**形态特征：** 二年生草本，高70~200cm。茎直立，多分枝，圆柱形。叶为羽状三出复叶，先端截形，顶端微凹，边缘具细齿。总状花序腋生，长4~6cm；花冠白色，长4~5mm。荚果卵圆形，灰棕色，具突起网脉，含种子1~2粒。种子褐黄色，肾形。花期6—7月，果期7—9月。

**生境：** 生于低山河谷、平原农区。常见于温性荒漠草原类、温性草原类、温性草甸草原类、山地草甸类等草地。

**毒性：** 全草有毒，含酚类及其衍生物。

## 草木樨（黄花草木樨）*Melilotus officinalis* (L.) Pall.

**形态特征：** 二年生草本，全体疏生细白毛，有香气。高40~100cm，直立，有纵纹。羽状三出复叶；托叶线形，绿色。总状花序腋生；萼钟状，5裂；花冠黄色，蝶形；雄蕊10，两体，雌蕊1。荚果倒卵形，表面有凹凸不平的横向细网纹。花果期5—9月。

**生境：** 生于沟边或路旁较潮湿处。常见于温性荒漠草原类、温性草原类、温性草甸草原类、山地草甸类等草地。

**毒性：** 全草有毒。干燥全草因贮存不当，如温度较高，湿度在50%以上而发霉时对牲畜有毒，这种毒性可保持3~4年而不消失。症状为皮下出血、严重贫血、神经麻痹等。霉变全草中含有抗凝血作用的紫苜蓿酚（双香豆素）。

**细齿草木樨** *Melilotus dentatus* (Waldstein & Kitaibel) Persoon

**形态特征：** 一年生或二年生草本，高20~50cm；全草具香气。茎直立，无毛。羽状三出复叶；小叶片长椭圆形，边缘具细而密的锯齿；托叶狭三角形，先端尖锐，基部齿裂。总状花序腋生，短穗状；花冠黄色，旗瓣长于翼瓣。荚果椭圆形，无毛，表面具突起的网脉。种子矩圆形，褐色。花果期6—8月。

**生境：** 生于平原绿洲和山地农区及附近的草甸、河谷。常见于低地草甸类等草地。

**毒性：** 全草有毒，含酚类及其衍生物。

**弯果胡卢巴** *Trigonella arcuata* C. A. Mey.

**形态特征：** 一年生草本，高10~30cm。茎外倾或铺散。羽状三出复叶，小叶片倒三角状卵形，边缘有锯齿，上面无毛，下面被伏生柔毛；托叶披针形，被柔毛。花序伞状；花冠黄色。荚果圆柱状线条形，镰形弯曲。种子矩圆状卵形。花果期5—6月。

**生境：** 生于低山及山前荒漠与荒漠草原。常见于温性荒漠类、温性草原化荒漠类、温性荒漠草原类等草地。

**毒性：** 种子有毒。胡卢巴种子含有多种生物碱，如胡卢巴碱、胆碱等；多种皂苷元，如雅姆皂苷元等；多种黄酮类，如牡荆素、槲皮素等。

**直果胡卢巴** *Trigonella orthoceras* Kar. et Kir.

**形态特征：** 一年生草本，高 10~30cm。茎直立或微外倾。羽状三出复叶，小叶片倒卵形或卵状三角形；托叶披针形，被柔毛。花序伞状；花冠黄色。荚果圆柱状线条形，通常直，被伏生柔毛；种子多数。种子筒形。花果期5—6月。

**生境：** 生于低山及山前荒漠与荒漠草原。常见于温性荒漠类、温性草原化荒漠类、温性荒漠类草原类等草地。

**毒性：** 种子有毒。胡卢巴种子含有多种生物碱，如胡卢巴碱、胆碱等；多种皂苷元，如雅姆皂苷元等；多种黄酮类，如牡荆素、槲皮素等。

**白车轴草** *Trifolium repens* L.

**形态特征：** 多年生草本，高 10~30cm。茎匍匐。掌状三出复叶；小叶片宽椭圆形，基部楔形，边缘有细锯齿，上面具灰绿色"V"形斑。头状花序密集成球形；花冠白色、黄白色或淡粉红色。荚果长圆形，包被于膜质的宿萼内。种子近圆形，褐色。花果期5—9月。

**生境：** 常见于低地草甸类、温性草原类、温性草甸草原类、山地草甸类等草地。

**毒性：** 全草有小毒，含芒柄花素、水杨酸、伞形花内脂、双百瑞香素等。

## 红车轴草（红三叶）*Trifolium pratense* L.

**形态特征：**

多年生草本；茎高30~80cm，有疏毛。叶具3小叶；小叶椭圆状卵形至宽椭圆形，长2.5~4cm，宽1~2cm，先端钝圆，基部圆楔形，叶脉在边缘多少突出成不明显的细齿，下面有长毛；小叶无柄；托叶卵形，先端锐尖。花序腋生，头状，具大型总苞，总苞卵圆形，具纵脉；花萼筒状，萼齿条状披针形，最下面的一枚萼齿较长，有长毛；花冠紫色或淡紫红色。荚果包被于宿存的萼内，倒卵形，小，长约2mm，果皮膜质，具纵脉，含种子1粒。花果期5—9月。

**生境：**生于开阔谷地、水泛地及林缘。常见于低地草甸类、温性草甸草原类、山地草甸类等草地。

**毒性：**全草有小毒，牲畜食后出现三叶草病症状，如流涎、皮肤出水泡、黄疸、腹泻、流产等。含异黄酮类化合物如红车轴草素、卡里可辛假巴布特金等。

## 苦马豆 *Sphaerophysa salsula* (Pall.) DC.

**形态特征：** 多年生草本，高20~60cm。茎直立，具开展的分枝，全株被灰白色短伏毛。奇数羽状复叶，两面均被短柔毛。总状花序腋生，花冠红色。荚果宽卵形或矩圆形，膜质，膨大成囊状，1室。种子肾形，褐色。花期6—7月，果期7—8月。

**生境：** 生于山坡、草原、荒地、沙滩、戈壁绿洲、湿地、沟渠旁、河、湖岸边及盐池周围。常见于低地草甸类、温性荒漠类、温性草原化荒漠类、温性荒漠草原类等草地。

**毒性：** 叶有小毒，一般牲畜拒食，牛和骆驼喜食。从苦马豆分离出来的化合物分属黄酮醇类、异黄酮类、异环烷类、生物碱类、木脂素类、酚酸类、三萜类及甾醇类等成分，主要毒性成分是生物碱苦马豆素。

## 鬼箭锦鸡儿 *Caragana jubata* (Pall.) Poir.

**形态特征：** 多刺矮灌木，直立或横卧，高1~3m。基部分枝，树皮深灰色或黑色。托叶不硬化成针刺状；叶轴全部宿存并硬化成针刺状，长5~7cm，幼时密生长柔毛；叶密集于枝的上部；小叶8~12，羽状排列，长椭圆形至条状长椭圆形，长7~24mm，宽1.5~7mm，先端圆或急尖，有针尖，两面疏生长柔毛。花单生，长2.5~3.2cm；花梗极短，长不及1mm，基部有关节；花萼筒状，长14~17mm，密生长柔毛，长为萼筒的1/2；花冠浅红色。子房长椭圆形，密生长柔毛。荚果长椭圆形，长约3cm，宽约7mm，密生丝状长柔毛。花期6—7月，果期8—9月。

**生境：** 生于干旱山坡、灌丛、云杉林林缘与林下、亚高山草甸、高山山谷草原、河滩。常见于山地草甸类、高寒草甸类等草地。

**毒性：** 全草有毒，含苷类。

**大翼黄耆（大翼黄芪）** *Astragalus macropterus* DC.

**形态特征：** 多年生草本。茎多分枝，高30~90cm，被白色短伏贴柔毛。羽状复叶，有小叶9~15；托叶膜质，线状披针形或披针形；小叶长圆形或长圆状披针形，上面无毛，下面被白色短伏贴柔毛。总状花序生多数花，稀疏；苞片膜质，披针形，连同花序轴被黑色短伏贴柔毛或混生白色毛；花萼钟状，被白色或混生黑色短伏贴柔毛；花冠白色或淡紫色。荚果半卵形或长圆状卵形，长7~9mm，宽约3mm，无毛，近2室；种子5~6粒。种子肾形，长2~2.5mm，褐色。花果期7—8月。

**生境：** 生于山地草甸、山谷河漫滩。常见于温性草原类、温性草甸草原类、山地草甸类等草地。

**毒性：** 全草有毒，含硝基化合物。

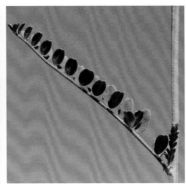

**黄花棘豆** *Oxytropis ochrocephala* Bunge

**形态特征：** 多年生草本，高达40cm。根粗壮，圆柱状。茎基部有分枝，密生黄色长柔毛。羽状复叶长10~14cm；叶轴上面有沟，密生长柔毛，脱落；托叶2，卵形，连合，密生长柔毛，与叶柄分离；小叶17~29，卵状披针形，长10~22mm，宽5~8mm，先端渐尖，基部圆形，两面有密长柔毛。总状花序腋生，呈圆筒状，花密集，总花梗长14~22cm，密生长柔毛；花萼筒状，长约16mm，宽约5mm，有密长柔毛，萼齿条状披针形，与筒部近等长；花冠黄色，长17mm，旗瓣扇形，顶端圆形，爪与瓣片近等长，龙骨瓣先端有喙，较翼瓣稍短。荚果矩圆形，膨胀，长12~15mm，宽4~5mm，密生短柔毛。花期6—8月，果期7—9月。

**生境：** 生于田埂、荒山、平原草地、林下、林间空地、山坡草地、阴坡草甸、高山草甸、沼泽地、河漫滩、干河谷阶地、山坡砾石草地及高山圆柏林下。常见于温性草原类、温性草甸草原类、山地草甸类、高寒草甸类等草地。

**毒性：** 全草有毒，主要危害是引起家畜中毒死亡、影响家畜繁殖、妨碍畜种改良。主要毒性成分是吲哚兹定生物碱–苦马豆素。

**小花棘豆** *Oxytropis glabra* (Lam.) DC.

**形态特征：** 多年生草本。茎高约20~30cm，多分枝，直立或平铺，有疏毛。托叶矩圆状卵形，基部连合，与叶柄分离；小叶9~13，矩圆形，长7~18mm，宽2~6mm，先端渐尖，有突尖，基部圆，上面无毛，下面有疏柔毛。花稀疏，排成腋生总状花序；总花梗长5~9cm，通常较叶长；花萼筒状，长4~5mm，宽约2mm，疏生长柔毛，萼齿条形；花冠紫色，长约7mm，旗瓣倒卵形，顶端近截形，浅凹或具细尖，龙骨瓣长约5mm，先端有喙。荚果下垂，长椭圆形，膨胀，长1~1.7cm，宽4~7mm，密生长柔毛。花期6~9月，果期7~9月。

**生境：** 生于山坡草地、砾石质山坡、河谷阶地、草地、荒地、田边、渠旁、沼泽草甸、盐土草滩上。常见于低地草甸类、温性草原类、温性草甸草原类、山地草甸类等草地。

**毒性：** 全草有毒，主要毒性成分是吲哚兹定生物碱–苦马豆素。牲畜食后表现厌食、消瘦、失明、四肢无力、极度衰竭，最后死亡。

**黑萼棘豆** *Oxytropis melanocalyx* Bunge

**形态特征：** 多年生草本，高10~15cm。较幼的茎几成缩短茎；着生花的茎，多从基部伸出，细弱，散生，有羽状复叶4~6，被黑白色短硬毛。羽状复叶长5~7（15）cm；托叶草质，卵状三角形，基部合生但与叶柄分离；小叶9~25，卵形至卵状披针形，两面疏被黄色长柔毛。伞形总状花序；总花梗在开花时长约5cm，略短于叶，而后伸长至8~14cm；苞片较花梗长，干膜质；花萼钟状，密被黑色短柔毛，并混有黄色或白色长柔毛，萼齿披针状线形；花冠蓝色。荚果纸质，宽长椭圆形，膨胀，下垂，具紫堇色彩纹，密被黑色杂生的短柔毛，沿两侧缝线成扁的龙骨状突起，两缝线无毛，1室，无梗。花期7—8月，果期8—9月。

**生境：** 生于高山草甸、山坡草地或灌丛下。常见于温性草原类、温性草甸草原类、山地草甸类等草地。

**毒性：** 全草有毒，主要毒性成分是吲哚兹定生物碱–苦马豆素。

**广布野豌豆** *Vicia cracca* L.

**形态特征：** 多年生蔓生草本。偶数羽状复叶，有卷须；小叶8~24，狭椭圆形或狭披针形；叶轴有淡黄色柔毛；托叶披针形或戟形，有毛。总状花序腋生；萼斜钟形，萼齿5，上面2齿较长，有疏短柔毛；花冠顶端四周被黄色腺毛。荚果矩圆形，褐色，膨胀，两端急尖，具柄；种子3~5粒，黑色。花果期5—9月。

**生境：** 生于草甸、林缘、山坡、河滩草地、灌丛及农区。常见于温性草甸草原类、山地草甸类等草地。

**毒性：** 种子有小毒。该属植物含有蛋白酶抑制剂、单宁和植物凝血素等，长期大量食用会影响人体对营养物质的吸收，且其种子中含有氢氰酸，作精饲料时须加蒸煮浸泡等处理后再饲喂。

**新疆野豌豆** *Vicia costata* Ledeb.

**形态特征：** 多年生攀缘草本，高20~80cm。茎斜升或近直立，多分枝，具棱。偶数羽状复叶顶端卷须分支；托叶半箭头形，叶脉两面凸出；小叶3~8对，长圆状披针形或椭圆形。总状花序明显长于叶，微下垂；花萼钟状，被疏柔毛或近无毛，中萼齿近三角形或披针形，较长；花冠黄色、淡黄色或白色，具蓝紫色脉纹。荚果扁线形，先端较宽。种子扁圆形。花果期6—8月。

**生境：** 生于干旱荒漠、砾石质山坡及沙滩。常见于温性荒漠草原类、温性草原类、温性草甸草原类、山地草甸类等草地。

**毒性：** 种子有小毒。该属植物含有蛋白酶抑制剂、单宁和植物凝血素等，长期大量食用会影响人体对营养物质的吸收，且其种子中含有氢氰酸，作精饲料时须加蒸煮浸泡等处理后再饲喂。

## 野豌豆 Vicia sepium L.

**形态特征：** 多年生草本，高30~100cm。茎柔细斜升或攀缘，具棱。偶数羽状复叶长，叶轴顶端卷须发达；托叶半戟形；小叶5~7对，先端钝或平截，微凹，有短尖头，基部圆形，两面被疏柔毛，下面较密。短总状花序，花2~4（6）腋生；花冠红色或近紫色至浅粉红色，稀白色。荚果宽长圆状，近菱形，成熟时亮黑色，先端具喙，微弯。种子扁圆球形。花期6月，果期7—8月。

**生境：** 生于山坡、林缘草丛、河岸。常见于温性草甸草原类、山地草甸类等草地。

**毒性：** 种子有毒，含生物碱响玲豆定。

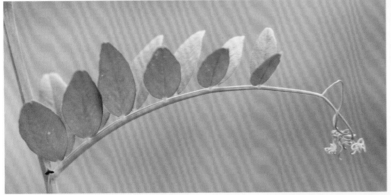

### 大托叶山黧豆 *Lathyrus pisiformis* L.

**形态特征：** 多年生草本，高大，具块根。茎直立，具翅及明显纵沟，无毛。托叶很大，卵形或椭圆形；叶轴末端具大分支卷须；通常具3对小叶，小叶狭卵形，先端圆形或微下凹，具细尖，基部圆形或宽楔形，具近平行脉。总状花序腋生，有花8~14；花红紫色。荚果深棕色。种子扁圆形，淡黄色，具黑色斑纹。花期5—6月，果期7—8月。

**生境：** 生于林下、灌丛、山地草甸、河谷及阴湿山沟。常见于低地草甸类、温性草甸草原类、山地草甸类等草地。

**毒性：** 种子有小毒，含有的神经毒素 β-N-草酰基-L-α，β-二氨基丙酸，长期过量食用会引起神经性中毒，导致下肢瘫痪。

## 牧地山黧豆（牧地香豌豆、草原香豌豆）*Lathyrus pratensis* L.

**形态特征：**多年生草本，高30~120cm。茎上升、平卧或攀缘。叶具1对小叶；托叶箭形，基部两侧不对称；叶轴末端具卷须；小叶椭圆形、披针形或线状披针形，具平行脉。总状花序腋生；花黄色；花萼钟状，被短柔毛，最下1齿长于萼筒。荚果线形，黑色，具网纹。种子近圆形，黄色或棕色。花期6—8月，果期8—10月。

**生境：**生于前山至中山河谷、疏林下、林缘、灌丛、草原、湖边草甸。常见于低地草甸类、温性草甸草原类、山地草甸类等草地。

**毒性：**种子有小毒，含有的神经毒素 β-N-草酰基-L-α，β-二氨基丙酸，长期过量食用会引起神经性中毒，导致下肢瘫痪。

## 骆驼蓬科 Peganaceae

**骆驼蓬** *Peganum harmala* L.

**形态特征：**多年生草本，高达70cm。茎有棱，多分枝，分枝散生。叶互生，卵形，3~5全裂，裂片线形。花单生，花瓣白色或浅黄色，雄蕊15；子房3室。蒴果近球形。种子三棱形，褐色。花果期5—9月。

**生境：**生于干旱草地、盐碱化荒漠地带。常见于温性荒漠类、温性草原化荒漠类、温性荒漠草原类、温性草原类等草地。

**毒性：**全草有毒，种子有致幻作用。全草含喹唑啉与U–咔啉类生物碱，种子所含的生物碱在壳皮中。

## 蒺藜科 Zygophyllaceae

### 蒺藜 *Tribulus terrestris* L.

**形态特征：**一年生草本，全株密被柔毛。茎匍匐，由基部生出多数分枝。偶数羽状复叶，小叶3~8对。花单生叶腋间；萼片5；花瓣5，黄色；雄蕊10，生于花盘基部。果五角形，由5个果瓣组成，成熟时分离，两端有硬尖刺各1对，先端隆起，具细刺。花期5—7月，果期5—9月。

**生境：**生于沙地、荒地、居民点附近等。常见于温性荒漠类、温性草原化荒漠类、温性荒漠草原类等草地。

**毒性：**全草有毒，羊食后头、耳肿胀，马食嫩茎会中毒，人食白蒺藜粉出现猩红热样药疹。果、叶含黄酮苷刺蒺藜苷、紫云英苷及山奈素；种子含微量生物碱；根、花、种子含甾醇及黄酮类化合物。全草并含皂苷及甾体苷。

### 霸王（驼蹄瓣）*Zygophyllum fabago* L.

**形态特征：**多年生草本，高30~80cm。枝条开展或铺散，光滑，基部木质化。叶在老枝上簇生，幼枝上对生；小叶1对，倒卵形、矩圆状倒卵形，质厚，先端圆形。花腋生；萼片卵形或椭圆形，长6~8mm，宽3~4mm，先端钝，边缘为白色膜质；花瓣倒卵形，先端近白色，下部橘红色；雄蕊长于花瓣。蒴果矩圆形或圆柱形，5棱，下垂。花期5—6月，果期6—9月。

**生境：**生于荒漠、半荒漠的沙砾质河流阶地、低山山坡、山前平原。常见于低地草甸类、温性荒漠类等草地。

**毒性：**全草有毒，含卟啉类有毒化学物质，常出现中枢系统及消化系统疾病，导致家畜皮肤严重损伤。

**大翅霸王（大翅驼蹄瓣）** *Zygophyllum macropterum* C. A. Mey.

**形态特征：** 多年生草本。茎高 5~20cm，多数，铺散。托叶分离，白膜质，卵形或披针形，边缘具流苏状齿牙；小叶 3~5 对，椭圆形或倒卵形。花单生于叶腋；花瓣匙形或倒卵形，顶端钝圆或凹缺，下部具橘黄色爪。蒴果球形或卵状球形。种子楔状披针形，扁平，灰色或黄褐色，表面密被细小乳点状突起。花期 5—6 月，果期 7—8 月。

**生境：** 生于荒漠戈壁、石质坡地。常见于温性荒漠类等草地。

**毒性：** 全草有毒，含豆甾-4-烯-3-酮、正二十八烷醇、三十二烷醇、胡萝卜苷、ρ-谷甾醇、紫云英苷等。

## 大戟科 Euphorbiaceae

**地锦** *Euphorbia humifusa* Willd. ex Schlecht.

**形态特征：**一年生草本，植株匍匐。二歧分枝，枝多，常带紫红色。叶对生，椭圆形，顶端圆钝，基部偏斜，通常中部以上沿缘有细锯齿；托叶小，钻形，沿缘具齿或羽状分裂。杯状花序单生于叶腋；总苞陀螺状，沿边缘4浅裂，裂片三角形具齿；腺体4，长圆形或椭圆形，具白色花瓣状的附属物；花柱3，先端2深裂。蒴果三棱状球形。种子卵形，长约1mm，略具3棱，褐色有白粉，无种阜。花果期6—9月。

**生境：**生于山间谷地、砾石山坡、荒地、路旁沙地等。常见于温性荒漠类、温性草原化荒漠类、温性荒漠草原类、温性草原类等草地。

**毒性：**全草有毒。本属植物的特征是含有白色或黄白色乳汁，对皮肤、口腔及胃肠道黏膜强烈的刺激性和致炎、促发致癌的毒性作用。

**长根大戟** *Euphorbia pachyrrhiza* Kar. et Kir.

**形态特征：**多年生草本，高10~30（60）cm。茎多数，帚状，细，下部具不育枝，上部具花序梗。叶互生，长圆状倒卵形，沿缘有小锯齿，基部楔形；苞叶3~5，轮生；小苞叶都为2，小，对生。杯状花序顶生；总苞宽钟状，沿边缘4裂；腺体4，椭圆形，褐色；花柱3，离生，先端2裂。蒴果近球形，有3浅沟，被红色扁刺状的突起。种子卵形，褐色，具白色种阜。花果期6—8月。

**生境：**生于干旱砾石质山坡。常见于温性荒漠草原类、温性草原类等草地。

**毒性：**全草有毒，根毒性最大。本属植物的特征是含有白色或黄白色乳汁，对皮肤、口腔及胃肠道黏膜强烈的刺激性和致炎、促发致癌的毒性作用。含大戟苷、大戟甾醇、巨大戟萜醇等有毒物质，刺激性较强，能引起胃肠道、肺脏、脾脏、肾脏和中枢神经性系统损伤。

**阿拉套大戟** *Euphorbia alatavica* Boiss.

**形态特征：** 多年生草本，高8~40cm。茎直立，分枝。叶互生，长卵状椭圆形，沿缘有圆状齿；苞叶数片，轮生；小苞叶都为3，轮生。复伞形花序；总苞钟状，淡红色，沿缘具齿；腺体4，略弯；花柱3，离生，先端2裂。蒴果近球形，扁压，有3深沟，被钝圆锥状增粗的短突起。种子卵球形，褐色。花果期6—8月。

**生境：** 生于高山和亚高山带的林缘、草甸和草原山坡。常见于温性草甸草原类、山地草甸类等草地。

**毒性：** 全草有毒。本属植物的特征是含有白色或黄白色乳汁，对皮肤、口腔及胃肠道黏膜强烈的刺激性和致炎、促发致癌的毒性作用。含大戟苷、大戟甾醇、巨大戟萜醇等有毒物质，刺激性较强，能引起胃肠道、肺脏、脾脏、肾脏和中枢神经性系统损伤。

## 乌拉尔大戟 *Euphorbia uralensis* Fisch. ex Link.

**形态特征：** 多年生草本，高20~50cm。茎分枝，下部具不育枝，花序枝密集。叶多，互生，下部叶小，向上增大，窄线形；苞叶多数，轮生，披针形，基部圆形；小苞叶2，对生，三角状宽卵形。杯状花序顶生；总苞钟状；腺体4，半月形，两端有长的尖角；花柱约1/3合生，先端2浅裂。蒴果三角状卵形。种子椭圆形，黄褐色，有小盘状的种阜。花果期5—8月。

**生境：** 生于平原和荒漠河岸边的草甸、灌木丛和河岸林中。常见于温性草原类、温性草甸草原类等草地。

**毒性：** 全草有毒。本属植物的特征是含有白色或黄白色乳汁，对皮肤、口腔及胃肠道黏膜强烈的刺激性和致炎、促发致癌的毒性作用。含大戟苷、大戟甾醇、巨大戟萜醇等有毒物质，刺激性较强，能引起胃肠道、肺脏、脾脏、肾脏和中枢神经性系统损伤。

## 短距凤仙花 *Impatiens brachycentra* Kar. et Kir.

**形态特征**：一年生草本，高 30~60cm。茎多汁。叶互生，卵状椭圆形，基部楔形，边缘有具小尖的圆锯齿。总状花序，腋生；花极小，白色；萼片卵形，稍钝；旗瓣宽倒卵形；翼瓣近无柄，2 裂；唇瓣舟形，具短而宽的距。蒴果条状矩圆形。花期 8—9 月。

**生境**：生于山地林缘及林间空地。常见于低地草甸类、温性草甸草原类、山地草甸类等草地。

**毒性**：全草有小毒，含黄酮、香豆素、萘醌等成分。

## 锦葵科 Malvaceae

### 苘麻 *Abutilon theophrasti* Medicus

**形态特征：**一年生亚灌木状草本，株高1~2m。茎枝被柔毛。叶互生，圆心形，长5~12cm，宽4~11cm，先端长渐尖，基部心形。花常单生叶腋；花黄色，花瓣倒卵形。蒴果半球形，黑色，分果瓣15~20，顶端具2长芒。种子肾形，黑褐色，被星状短柔毛。花期7—8月。

**生境：**生于绿洲地带田边、路旁、沟边及河岸等。常见于低地草甸类等草地。

**毒性：**全草有毒，含棉花皮苷、棉花皮次苷、矢车菊素–3–芦丁糖苷、酚类、氨基酸、有机酸和糖类。种子主要含脂肪油，油中主成分为亚油酸、油酸、亚麻酸、棕榈酸、硬脂酸、花生酸；根含黏液质，其中有戊糖1.41%、戊聚糖1.25%、甲基戊聚糖5.13%、糖醛酸17.20%和甲基戊糖微量。

**贯叶连翘** *Hypericum perforatum* L.

**形态特征：** 多年生草本，高20~60cm。叶无柄，椭圆形，基部近心形，抱茎，全面散布透明腺点。二歧状的聚伞花序；苞片及小苞片条形；花瓣黄色；雄蕊多数，通常呈3束，花柱3裂。蒴果长圆状卵圆形，背部具腺条，而侧面具黄褐色囊状腺体。种子黑褐色，圆柱形，具纵条纹，表面有细蜂窝状。花期7—8月，果期8—9月。

**生境：** 生于荒地、沙质干山坡、草原灌丛、山地河谷、山地林间空地及山地森林阳坡等处。常见于温性草甸草原类、山地草甸类等草地。

**毒性：** 全草有毒，含双蒽酮化合物金丝桃素、伪金丝桃素、原金丝桃素等。主要有毒成分为金丝桃素。

## 柳叶菜科 Onagraceae

### 柳兰 *Chamerion angustifolium* (L.) Holub

**形态特征：** 多年生草本，高约1.0~1.3m。茎直立，丛生。叶螺旋状互生，披针形，边缘有细锯齿。总状花序顶生，伸长；花瓣和萼片各4，红紫色，萼片被灰白柔毛。蒴果长4~8cm，密被柔毛。花期6—8月，果期8—9月。

**生境：** 生于亚高山草甸、山地草原、林缘、山谷低湿地、沼泽、河边。常见于温性草甸草原类、山地草甸类等草地。

**毒性：** 全草有毒，含酚酸类化合物阿魏酸、没食子酸、原儿茶酸、肉桂酸、咖啡酸、龙胆酸等，黄酮类化合物槲皮苷、金丝桃苷、扁蓄苷等，鞣质类化合物和柳兰聚酚等。

**柳叶菜** *Epilobium hirsutum* L.

**形态特征：** 多年生草本，高30~100cm。茎直立，密被白色长的曲柔毛。叶长椭圆状披针形，边缘具疏细小锯齿，略抱茎。花单生于茎顶或腋生，紫红色；花瓣4，倒宽卵形或倒三角形，先端2浅裂；子房下位，柱头4裂。蒴果圆柱形，密被腺毛及疏被白色长柔毛。种子椭圆形，顶端具一簇白色种缨。花期7—8月，果期9月。

**生境：** 生于平原及前山带河岸、湖岸、沼泽、沟渠及低湿地。常见于低地草甸类、温性草甸草原类、山地草甸类等草地。

**毒性：** 全草有毒，含山柰酚、槲皮素、杨梅树皮素、没食子酸、原儿茶酸等。

**沼生柳叶菜** *Epilobium palustre* L.

　　**形态特征：** 多年生草本，高15~50cm。茎直立，茎下部叶对生，上部叶互生，卵状披针形至条形。花单生于茎顶或腋生，淡紫红色；花萼4裂；花瓣4，倒卵形，顶端2裂；子房下位。蒴果圆柱形。种子倒披针形，顶端有一簇白色种缨。花期7—8月，果期8—9月。

　　**生境：** 生于前山带至山地河岸、低湿地。常见于沼泽类、低地草甸类等草地。

　　**毒性：** 全草有毒。早年曾报道过食入此草的中毒病例可发生癫痫样惊厥与昏迷。

**小柳叶菜** *Epilobium minutiflorum* Hausskn.

　　**形态特征：** 多年生草本，高40~65cm。茎直立。叶卵状披针形或披针形，边缘具细锯齿。花单生于叶腋，淡紫红色；花萼4裂；花瓣倒卵形，顶端2裂；柱头短棍棒状。蒴果长圆筒形。种子棕褐色，倒圆锥形，种缨白色。花期7—8月，果期8—9月。

　　**生境：** 生于平原河、湖、沼泽、水库、沟渠及低湿地。常见于沼泽类、低地草甸类等草地。

　　**毒性：** 全草有毒，根茎叶含鞣质约6.15%。

## 野胡萝卜 *Daucus carota* L.

**形态特征：** 二年生草本，高 15~120cm。茎单生，全体有白色粗硬毛。基生叶薄膜质，长圆形，二至三回羽状全裂，末回裂片线形或披针形，长 2~15mm，宽 0.5~4mm，顶端尖锐，有小尖头；叶柄长 3~12cm；茎生叶近无柄，有叶鞘，末回裂片小。复伞形花序，花序梗长 10~55cm，有糙硬毛；总苞有多数苞片，呈叶状，羽状分裂，少有不裂的，裂片线形，长 3~30mm；伞辐多数，长 2~7.5cm，结果时外缘的伞辐向内弯曲；小总苞片 5~7，线形，不分裂或 2~3 裂，边缘膜质，具纤毛，花通常白色，有时带淡红色；花柄不等长，长 3~10mm。果实圆卵形，长 3~4mm，宽 2mm，棱上有白色刺毛。花期 5—7 月。

**生境：** 生于山坡、河漫滩、田间、路旁。常见于低地草甸类、山地草甸类等草地。

**毒性：** 全草有小毒，含挥发油、季铵生物碱、氨基酸、胡萝卜苦苷、甾醇等。

## 龙胆科 Gentianaceae

**秦艽** *Gentiana macrophylla* Pall.

**形态特征：** 多年生草本，高达60cm。枝少数丛生。莲座丛叶卵状椭圆形或窄椭圆形，长6~28cm，叶柄宽，长3~5cm；茎生叶椭圆状披针形或窄椭圆形，长4.5~15cm，无叶柄或柄长达4cm。花簇生枝顶或轮状腋生。萼筒黄绿或带紫色，一侧开裂；花冠筒黄绿色，冠檐蓝或蓝紫色，壶形，长1.8~2cm，裂片卵形或卵圆形，长3~4mm，褶整齐，三角形，长1~1.5mm，平截。蒴果内藏或顶端外露，卵状椭圆形，长1.5~1.7cm。种子具细网纹。花果期7—10月。

**生境：** 生于山地草原、林缘、河谷、亚高山草甸。常见于温性草甸草原类、山地草甸类等草地。

**毒性：** 全草有毒，根毒性最强。含裂环环烯醚萜苷类、环烯醚萜苷类、木脂素类、黄酮类、三萜类等化合物。

## 高山龙胆 *Gentiana algida* Pall.

**形态特征：** 多年生草本，高5~20cm。花枝直立，黄绿色，中空，光滑。叶大部分基生，常对折，线状椭圆形和线状披针形；莲生叶1~3对，叶狭椭圆形。花常1~3朵，顶生；花萼钟形或倒锥形，萼筒膜质；花冠黄白色，具多数深蓝色斑，尤以冠檐部为多，筒状钟形或狭漏斗状。蒴果椭圆状披针形。种子黄褐色，宽矩圆形或近圆形。花期7—8月，果期8—9月。

**生境：** 常见于山地草甸类、高寒草甸类等草地。

**毒性：** 全草有毒，含环烯醚萜苷类、黄酮类及三萜类等化合物。

## 达乌里秦艽 *Gentiana dahurica* Fisch.

**形态特征：** 多年生草本，高达25cm。枝丛生。莲座丛叶披针形或线状椭圆形；茎生叶线状披针形或线形，长2~5cm。聚伞花序。花梗长达3cm；萼筒膜质，黄绿或带紫红色，裂片5，不整齐，线形，绿色；花冠深蓝色，有时喉部具黄色斑点，长3.5~4.5cm，裂片卵形或卵状椭圆形，褶整齐，三角形或卵形，先端钝。蒴果内藏，椭圆状披针形，长2.5~3cm，无柄。种子具细网纹。花果期7—9月。

**生境：** 常见于温性草甸草原类、山地草甸类等草地。

**毒性：** 全草有毒，根毒性最强。含秦艽碱甲素；秦艽碱乙素；秦艽碱丙素；3，4-二羟基-8-甲基-1H-吡喃[3.4-c]吡啶-1-醇；苯甲酰胺和谷甾醇等。

## 夹竹桃科 Apocynaceae

### 罗布麻 *Apocynum venetum* L.

**形态特征：** 直立半灌木或草本，高1~3m。具乳汁，枝条圆筒形。单叶对生，分枝处常为互生，椭圆状披针形至矩圆状卵形。聚伞花序常顶生；花萼5深裂；花冠紫红色或粉红色，圆筒状钟形，花冠裂片基部向右覆盖，每裂片内外均具3条明显红紫色的脉纹。蓇葖果2枚，下垂，圆筒形。种子多数，卵圆状长圆形，黄褐色，顶端有一簇白色绢质的种毛。花期5—7月，果期8—9月。

**生境：** 生于河岸、盐碱地、盐生草甸。常见于低地草甸类等草地。

**毒性：** 全草有小毒，含强心苷、酚类、黄酮类、鞣质、酸类、脂肪酸醇酯、醇类、甾体类、烷类、甾体及三萜化合物等。

## 白麻（大叶白麻）*Apocynum pictum* Schrenk

**形态特征：** 直立半灌木，高约1~2m。幼枝被短柔毛，后渐无毛。叶常互生，长圆形或卵形，长1.5~4cm，两面被颗粒状凸起，密生细齿。花萼裂片卵形或三角形，长1.5~4mm；花冠粉红或紫红色，花冠筒盆状，长2.5~7mm，花冠裂片宽三角形，长2.5~4mm；副花冠着生花冠筒基部，裂片宽三角形，先端长渐尖。蓇葖果2枚，下垂，长10~30cm，径3~4mm。种子窄卵圆形，长2.5~3mm，冠毛长1.5~2.5cm。花期5—7月，果期7—9月。

**生境：** 生于盐碱荒地、沙漠边缘及河岸冲积平原和湖围。常见于低地草甸类等草地。

**毒性：** 全草有小毒，含新异芸香苷、槲皮素、异鼠李素3–O–葡萄糖苷、异槲皮素、紫云英苷等12个黄酮类成分，β–谷甾醇和羽扇醇棕榈酸酯2个三萜及甾醇类成分，还有山柰酚等7个木脂素及香豆素类成分，棕榈酸、没食子酸等6个有机酸及其酯类、醇类和烷类成分。

## 萝藦科 Asclepiadaceae

**戟叶鹅绒藤** *Cynanchum acutum* subsp. *sibiricum* (Willdenow) K. H. Rechinger

**形态特征：** 多年生缠绕藤本；全株含白色乳汁。叶对生，戟形或戟状心形，两面均被柔毛。伞房状聚伞花序腋生；花萼外面被柔毛；花冠外面白色，内面紫色；副花冠双轮，外轮筒状。蓇葖果单生，长角状，长约10cm，熟后纵裂。种子长圆形，棕色，顶端有白色绢质毛。花期7月，果期8—9月。

**生境：** 生于绿洲及其边缘。常见于低地草甸类、温性荒漠类、温性草原化荒漠类等草地。

**毒性：** 全草有毒，含$C_{21}$甾体或多氧孕甾烷，娃儿藤生物碱等。中毒症状是头晕、呕吐、呼吸困难，严重者心跳停止而死亡。

## 萝藦 *Metaplexis japonica* (Thunb.) Makino

**形态特征：**多年生草质藤本，具乳汁。叶对生，卵状心形，长5~12cm，宽4~7cm，无毛，下面粉绿色；叶柄长，顶端丛生腺体。总状式聚伞花序腋生，具长总花梗；花蕾圆锥状，顶端尖；萼片被柔毛；花冠白色，近辐状，裂片向左覆盖，内面被柔毛；副花冠环状5短裂，生于合蕊冠上；花粉块每室1个，下垂；花柱延伸成长喙，柱头顶端2裂。蓇葖果角状，叉生，平滑。种子顶端具种毛。花期7—8月，果期9—12月。

**生境：**生于荒地、山脚、河边、灌木丛中。常见于温性荒漠类等草地。

**毒性：**根茎有毒。叶、茎、根和种子均含多种$C_{21}$甾体苷类化合物，有肉珊瑚苷元（11-30）、7β-甲氧基肉珊瑚苷元（11-31）、萝藦醇甲醚、萝藦米、林里奥酮（11-16）、萝藦苷元（11-35）等。

## 唇形科 Labiatae

### 欧夏至草 *Marrubium vulgare* L.

**形态特征:** 多年生草本。茎直立,由中部以上分枝,高30~60cm,基部木质,密被贴生的绵状柔毛。叶片卵形、阔卵形至圆形,向上渐变小,边缘有粗齿状锯齿。轮伞花序腋生,多花,在枝条上部者紧密,下部者较疏松,圆球形;苞片钻形,与萼筒等长或稍长,向外反曲,密被长柔毛;花萼管状,萼齿通常10个,钻形,在先端处呈钩状弯曲;花冠白色,外面密被短柔毛,内面在中部有毛环,冠檐二唇形。小坚果卵圆状二棱形,具小疣突。花果期6—8月。

**生境:** 生于山地草原、针叶林阳坡及北疆平原的田边路旁等处。常见于温性草原化荒漠类、温性荒漠草原类、温性草原类等草地。

**毒性:** 全草有毒,含半二萜类、黄酮类、多酚和糖类等化合物。

**块根糙苏** *Phlomis tuberosa* L.

**形态特征：** 多年生草本，高40~100（150）cm，地下根块状。叶片三角形，基部心形，边缘为不整齐的粗圆齿状；苞叶披针形，向上渐变小，少数超过轮伞花序。轮伞花序顶生，彼此分离；苞片线状钻形；花萼管状钟形，密被具节刚毛；花冠紫红色，冠檐二唇形，上唇边缘为不整齐的牙齿状，里面密被髯毛，下唇卵形，中裂片倒心形，较大，两侧裂片卵形，较小；花柱先端具不等地2裂。小坚果顶端被星状短毛。花期6月下旬至7月中旬，果期8—9月。

**生境：** 生于山地草原及山谷滩地上。常见于温性草甸草原类、山地草甸类等草地。

**毒性：** 全草有毒。含β-谷甾醇、豆甾醇、胡萝卜苷、赤桐甾醇豆甾烯二酮、22-脱氢豆甾烯二酮、鞣花酸、没食子酸乙酯、没食子酸、4-羟基苯甲酸、肉桂酸、对羟基肉桂酸、咖啡酸、5-羟甲基糠醛、奎宁酸、绿原酸、阿魏酸、正丁基-β-D-呋喃果糖苷、正十八烷酸、油酸、5-(羟基甲基)-2-糠酸甲酯、4-羟基-3-甲氧基苯甲醛等。

**鼬瓣花** *Galeopsis bifida* Boenn.

**形态特征：** 一年生草本，高20~80cm。茎直立，粗壮，四棱形，淡黄绿色，被较密向下的多节刚毛，上部混杂腺毛。叶柄长0.5~1.5cm，被具节长刚毛及柔毛；叶片卵圆状披针形或披针形，边缘有整齐的圆状锯齿。花腋生，多密集在茎顶端形成轮伞花序；小苞片线形或披针形，先端刺尖，边缘有刚毛；花萼管状钟形，长约1cm，齿5，近相等，先端为长刺状；花冠红色，长约1cm，冠筒漏斗状，喉部增大，冠檐二唇形；雄蕊4，均延伸至上唇片之下，花丝丝状；花柱先端近相等2裂。小坚果倒卵状三棱形。花期7月，果期8—9月。

**生境：** 生于山地林间空地、灌木林下。常见于温性草甸草原类、山地草甸类等草地。

**毒性：** 全草有毒。含柯伊利素；5，7-二羟基-3′，4′-二甲氧基黄酮；常春藤皂苷元；胡萝卜苷；角胡麻苷等。具有强烈刺激性气味，为家畜厌食。

**短柄野芝麻** *Lamium album* L.

**形态特征：**多年生草本，高30~50cm。茎4棱，被刚毛。茎下部叶较小，茎上部叶卵圆形或卵圆状长圆形，边缘具牙齿状锯齿，被稀疏的短硬毛；苞叶叶状。轮伞花序5~10个；苞片线形；花萼钟形，基部有时紫红色，具稀疏硬毛；花冠白色或淡黄色。小坚果长卵圆形。花期7—8月，果期9月。

**生境：**生于灌丛、河谷。常见于山地草甸类等草地。

**毒性：**全草有毒，被美国食品药品管理局（FDA）列为有毒植物。同属植物在羊、马和牛等牲畜中可引起震颤、共济失调和猝死。全草含皂苷、鞣质、咖啡酸和多种氨基酸。

**新疆益母草** *Leonurus turkestanicus* V. Krecz. et Rupr.

**形态特征：** 多年生草本，高20~100cm。茎直立或从基部分枝，四棱形。叶对生，下部叶具柄，长2~4cm；叶片外轮廓圆形或卵圆形，基部截形或微心脏形，边缘具深浅不等的掌状裂片；上部花序的苞叶长菱形，基部楔形，3裂，裂片披针形。轮伞花序腋生，组成较长的穗状花序；小苞片锥形刺状；萼齿5裂，尖刺状；花冠淡粉红色，二唇形，长1~1.5cm；花冠筒内有毛环，上唇盔状，向下渐收缩，下唇3裂；雄蕊4；花柱丝状，略超出于雄蕊。子房黑褐色，顶端截平，密被柔毛。小坚果三棱形，被微柔毛。花期7月，果期9月。

**生境：** 生于山地草甸及亚高山草甸地上。常见于温性草甸草原类、山地草甸类等草地。

**毒性：** 种子有毒。益母草属的益母草种子有一定毒性，曾引起人中毒。症状为突然全身无力、下肢不能活动、瘫痪、周身酸麻疼痛、胸闷、多汗、虚脱，但神志、言语清楚，舌苔和脉搏多数正常，经抢救可不至死亡。

**异株百里香** *Thymus marschallianus* Willd.

**形态特征：** 半灌木。近直立或斜上升，多分枝，不育枝发达。叶片长圆状椭圆形或线状长圆形，全缘。轮伞花序在枝条顶端形成稀疏的穗状花序；花两性，雌雄异株；花萼管状钟形，暗紫色；花冠红紫色，伸出花萼，下唇开裂，上唇的齿尖三角形，具缘毛；雄蕊4，在雌性花中，极短，不育。小坚果卵圆形，黑褐色，光滑。花期7月，果期8—9月。

**生境：** 生于山地砾石质坡地。常见于温性荒漠草原类、温性草原类、温性草甸草原类草地。

**毒性：** 全草有毒，含百里香酚、γ-松油烯、香芹酮、p-聚伞花素等。

**拟百里香** *Thymus proximus* Serg.

**形态特征：** 半灌木。茎匍匐，圆柱形，花茎多数直立，四棱形，紫红色，被稀疏的白柔毛。叶椭圆形。花序头状；花萼钟形，紫红色，上唇齿三角形，下唇2裂，喉部被白色毛环；花冠长约7mm，紫红色，冠檐二唇形，上唇直立，先端微凹，下唇3裂；雄蕊4，稍伸出于冠外，前对较长；花柱外伸，先端2裂。小坚果近卵形，黑色。花期6—7月，果期8月。

**生境：** 生于山地草原及亚高山草甸。常见于温性草原类、温性草甸草原类、山地草甸类草地。

**毒性：** 全草有毒，主要成分有百里香酚、p-聚伞花素、γ-松油烯、β-甜没药烯、香芹酚、4-蒈烯、长叶薄荷酮、内冰片、β-月桂烯、石竹烯和α-崖柏烯等。

## 薄荷 *Mentha canadensis* L.

**形态特征：** 多年生草本，高30~70cm。茎四棱形，由基部多分枝。叶片长圆状披针形至椭圆形，边缘在基部上具较粗大的牙齿状锯齿，两面均被较密的柔毛。花轮伞花序，腋生，外轮廓球形；花萼管状钟形；花冠淡紫色，冠檐4裂，上裂片先端2裂，较大，其余3裂片近等大；雄蕊4，前对较长；花柱略超出雄蕊。小坚果卵圆形。花期7月，果期8—9月。

**生境：** 生于平原绿洲及农田附近湿地及水沟边。常见于沼泽类、低地草甸类等草地。

**毒性：** 全草有小毒。由于气味大，牲畜不食。全草含挥发油，油中含薄荷脑。

## 亚洲薄荷 *Mentha asiatica* Boriss.

**形态特征：** 多年生草本，高30~100（150）cm。全株被短绒毛。茎直立，四棱形，密被短绒毛。叶片长圆形，基部圆形或宽楔形，两面均被密生的短绒毛，两边具稀疏不相等的牙齿，具短柄或无柄，密被短绒毛。轮伞花序在茎的顶端或枝的顶端集成穗状花序；苞片小，线形或钻形，被稀疏的短柔毛；花萼钟状，萼齿5个，线形；花冠紫红色，长约4mm，微伸出萼筒之外，冠筒上部膨大；雄蕊4，伸出于冠筒之外或不伸出，基部具毛；花柱伸出花冠很多，先端2浅裂；花盘平顶。小坚果褐色，顶端被柔毛。花期7—8月，果期9月。

**生境：** 生于平原绿洲及农田附近湿地及水沟边。常见于沼泽类、低地草甸类等草地。

**毒性：** 全草有小毒，含辛醇-3、芋烯、薄荷酮、异薄荷酮、新脑、薄荷脑、胡薄荷酮、乙酸薄荷酯、P-石竹烯等。

## 茄科 Solanaceae

**中亚天仙子** *Hyoscyamus pusillus* L.

**形态特征：** 一年生草本，高6~60cm，全体有腺毛。茎较细瘦。叶互生，菱状披针形至披针状条形，长3~10cm，宽0.5~3cm，顶端钝或锐尖，基部楔形，全缘或有疏齿；叶柄细，上部者较短。花单生于叶腋，梗短或近无；花萼钟状倒圆锥形，长8~13mm，5浅裂，裂片有刺尖，果时增大成狭筒状漏斗形，基部狭窄成锥形，长1.6~2.5cm；花冠筒状漏斗形，略较萼长，黄色，喉部暗紫色，5浅裂；雄蕊5。蒴果卵球形，径4~4.5mm，顶端盖裂，藏于宿萼内；种子扁平。花果期4—8月。

**生境：** 生于天山北坡固定沙丘边缘、梭梭林下、石质碎石山坡、山前平原。常见于温性荒漠类等草地。

**毒性：** 全草有毒，含莨菪碱。

**天仙子** *Hyoscyamus niger* L.

**形态特征：** 一二年生草本，高1m，全株被黏质腺毛和柔毛。基生叶丛生呈莲座状；茎生叶互生，长卵形或三角状卵形，边缘羽状深裂或浅裂，裂片三角形，茎顶端叶呈浅波状。花单生于叶腋，在茎顶端则聚集成蝎尾式总状花序，通常偏向一侧；花萼筒状钟形，密被细腺毛和长柔毛，果时膨大呈坛状；花冠钟状，黄色带紫色脉纹。蒴果卵球状。种子直径约1mm。花期6—8月，果期8—10月。

**生境：** 生于平原及山区、路旁、村旁、田野及河边沙地。

**毒性：** 全草有毒，症状与曼陀罗基本相同。含莨菪碱、托品碱、颠茄碱等。

**龙葵** *Solanum nigrum* L.

**形态特征：** 一年生草本，高达1m。叶卵形。伞形状花序；花萼浅杯状，萼齿近三角形；花冠白色，冠檐裂片卵圆形。浆果球形，径0.8~1cm，黑色；果柄弯曲。种子近卵圆形。花期5—8月，果期7—11月。

**生境：** 生于平原绿洲、荒地、农田旁。

**毒性：** 全草有毒，以未成熟的浆果毒性较大。家畜中毒症状有恶心、呕吐、腹泻、喉干、呼吸增强、脉搏加快、溶血，最后因呼吸麻痹和溶血而亡。含茄碱、澳洲茄碱等生物碱，还含皂苷、血球凝集素等。

**曼陀罗** *Datura stramonium* L.

**形态特征：** 草本或半灌木状，高0.5~1.5m。茎粗壮，圆柱状。叶广卵形，基部不对称楔形，边缘有不规则波状浅裂。花单生于枝杈间或叶腋，直立；花萼筒状，筒部有5棱角，两棱间稍向内陷，基部稍膨大；花冠漏斗状，下半部分带绿色，上部白色或淡紫色，檐部5浅裂。蒴果直立生，卵状，表面有坚硬针刺或无刺而近光滑，规则4瓣裂。种子卵圆形，黑色。花期6—8月，果期7—8月。

**生境：** 生于平原绿洲、水边、路边、田野。

**毒性：** 全草有毒，以果实特别是种子毒性最大，鲜叶大于干叶。食后有口干、吞咽困难、声音嘶哑、潮红、呼吸加深、头痛、幻视幻听、抽搐、痉挛等症。主要含东莨菪碱、莨菪碱，其次有阿托品、曼陀罗碱等生物碱。

**小米草** *Euphrasia pectinata* Tenore

**形态特征：**一年生草本，高10~45cm。茎直立，被白色柔毛。叶对生，卵形。穗状花序，初花期短而花密集，逐渐伸长；苞片稍大于叶；花萼管状；花冠白色或淡紫色。蒴果长圆形。花期6—9月。

**生境：**生于林带阳坡草地及灌丛。常见于温性草甸草原类、山地草甸类等草地。

**毒性：**全草有毒，含糖苷类化合物。

## 长根马先蒿 *Pedicularis dolichorrhiza* Schrenk

**形态特征：**多年生草本，高20~100cm。根多数成丛，纺锤形，稍肉质。茎直立，不分枝，干时不变黑，茎圆筒形而中空，有成行的白色短毛。叶互生，基生者成丛，狭披针形，羽状全裂，有胼胝质凸头的锯齿，茎叶向上渐小而柄较短，成为苞片。花序长穗状而疏；萼有疏长毛，钟形，前方稍稍开裂，膜质。花冠黄色。蒴果熟时黑色。种子长卵形，有种阜，外面有明显的网纹。花期6—7月，果期7—8月。

**生境：**生于山地草原、林缘、河谷。常见于温性草原类、温性草甸草原类、山地草甸类等草地。

**毒性：**全草有毒。马先蒿属植物是一种生命力极强的毒草，新鲜时具有难闻的气味为牲畜所厌恶，因此，牲畜很少采食马先蒿，马先蒿占据优势的草地基本无法放牧利用。

## 轮叶马先蒿 *Pedicularis verticillata* L.

**形态特征：**多年生草本，高15~35cm。茎常成丛。叶基出者叶片矩圆形至条状披针形，羽状深裂至全裂，裂片有缺刻状齿，齿端有白色胼胝，茎生叶一般4枚轮生。花序总状；花萼球状卵圆形，前方深开裂，齿后方一枚较小，其余的两两合并成三角形的大齿，近全缘；花冠紫红色，长筒约在近基3mm处以直角向前膝屈，由萼裂口中伸出，下唇约与盔等长或稍长，裂片上有时红脉极显著，盔略镰状弓曲。蒴果多少披针形。花期7—8月。

**生境：**生于亚高山及高山草甸。常见于温性草甸草原类、山地草甸类等草地。

**毒性：**全草有毒，含玉叶金花苷酸甲酯、小米草苷、龙船花苷、桃叶珊瑚苷、玉叶金花苷酸、山栀苷甲酯、京尼平苷、7-去氧栀子新苷、乙基胡桃苷、乙基表桃叶珊瑚苷等。

## 菊科 Compositae

**高山紫菀** *Aster alpines* L.

**形态特征：** 多年生草本，茎直立，高
10~35cm，有丛生的茎和莲座状叶丛，被密
或疏毛。叶向上渐小，全部叶全缘，被柔毛。
头状花序在茎端单生。总苞半球形，2~3层，
被密或疏柔毛；舌状花紫色、蓝色或浅红色；
管状花花冠黄色，冠毛白色。瘦果长圆形，
被密绢毛。花期6—8月，果期7—9月。

**生境：** 生于亚高山草甸、草原、山地。
常见于温性草甸草原类、山地草甸类、高寒
草甸类等草地。

**毒性：** 全草有毒，含萜类化合物。

**总状土木香** *Inula racemosa* Hook. f.

　　**形态特征：**多年生草本；根状茎块状；茎高60~200cm，有分枝。叶大，椭圆状披针形至卵状披针形，边缘具齿或重齿，下面被白色厚茸毛。头状花序少数或较多数，直径5~8cm，排成总状，梗不存在或存在，长0.5~4cm；总苞片5~6层，外层宽大，草质，被茸毛，内层干膜质，背面有疏毛，长于外层；舌状花黄色，舌片顶端有3小齿；筒状花花冠长9~9.5mm。瘦果四或五面形，有肋和细沟，无毛；冠毛污白色。花期8—9月。

　　**生境：**生长在草原带的水边，湿润的草地草甸。常见于低地草甸类草地。

　　**毒性：**根有小毒，服用过量可发生四肢疼痛、吐、泻、眩晕及皮疹等毒副反应。含毒蛋白质。

## 苍耳 *Xanthium strumarium* Patrin. ex Widder

**形态特征：** 一年生草本，高20~90cm。茎直立。叶三角状卵形或心形，不裂或3~5浅裂，边缘有不规则的粗锯齿，具三基出脉，被伏糙毛。雄头状花序球形，花冠钟状，冠檐5裂，总苞片长圆状披针形；雌头状花序椭圆状，外层总苞片小，披针形，内层总苞片结合成囊状，椭圆形，在瘦果成熟时变硬，外面有疏生带钩的刺，刺细而长。瘦果2，不等大，倒卵形，灰黑色。花期7—8月。

**生境：** 生于平原、丘陵、低山的荒野、路边、农田。常见于低地草甸类等草地。

**毒性：** 全草有毒，以果实、特别是种子毒性较大。中毒后头痛、恶心、呕吐、腹泻、心律减慢、全身无力、嗜睡，严重者黄疸、昏迷、抽搐、呼吸及循环衰竭而亡。主要有毒成分为羧基苍术苷和苍术苷；地上部分含倍半萜内酯，还含三萜醇和胆碱。

## 刺苍耳 *Xanthium spinosum* L.

**形态特征：** 高40~120cm。茎直立，上部多分枝，节上具三叉状棘刺。叶狭卵状披针形，长3~8cm，宽6~30mm，边缘3（5）浅裂或不裂，全缘，中间裂片较长，长渐尖，基部楔形，下延至柄，背面密被灰白色毛；叶柄细，长5~15mm，被绒毛。花单性，雌雄同株。雄花序球状，生于上部，总苞片一层，雄花管状，顶端裂，雄蕊5。雌花序卵形，生于雄花序下部，总苞囊状，长8~14mm，具钩刺，先端具2喙，内有2朵无花冠的花，花柱线形，柱头2深裂。总苞内有2个长椭圆形瘦果。花期8—9月，果期9—10月。

**生境：** 生于平原、丘陵、低山的荒野、路边、农田。常见于低地草甸类等草地。

**毒性：** 全草有毒。苍耳属植物属于检疫性杂草，其生态适应性强，生长量大，结实率高，"果实"具钩刺，易于人、畜传播，种子或幼苗具微毒，对农业、林业、畜牧业都有严重影响和危害。含生物碱、鞣质、倍半萜内脂、三萜类化合物、有机酸和挥发油等。

**意大利苍耳** *Xanthium strumarium* subsp. *italicum* (Moretti) D.Löve

　　**形态特征：** 一年生草本植物，高20~150cm。茎直立，通常分支较多，有紫色斑点。叶单生，三角状卵形到宽卵形，常呈现有3~5圆裂片；三主脉突出，边缘锯齿状到浅裂；表面有粗糙软毛。花小，绿色，头状花序单性同株；瘦果包于总苞，总苞椭圆形，中部粗，棕色至棕褐色；总苞内含有2枚卵状长圆形、扁的硬木质刺果；长1~2cm，卵球形，表面覆盖棘刺，果实表面密布独特的毛、具柄腺体、直立粗大的倒钩刺，刺和体表无毛或者具有稀少腺毛；顶端具有2条内弯的喙状粗刺，基部具有收缩的总苞柄。花果期7—9月。

　　**生境：** 生于平原、丘陵、低山的荒野、路边、农田，外来入侵种。常见于低地草甸类等草地。

　　**毒性：** 全草有毒。其幼苗具有毒性，猪牛等牲畜误食易出现中毒现象。含生物碱、鞣质、倍半萜内脂、三萜类化合物、有机酸和挥发油等。

**狼把草（鬼针草）** *Bidens pilosa* L.

　　**形态特征：** 一年生草本，高30~100cm。中部叶对生，3深裂或羽状分裂，裂片卵形或卵状椭圆形，顶端尖或渐尖，基部近圆形，边缘有锯齿或分裂；上部叶对生或互生，3裂或不裂。头状花序直径约8mm；总苞基部被细软毛，外层总苞片7~8枚，匙形，绿色，边缘具细软毛；舌状花白色或黄色，有数个不发育；筒状花黄色，长约4.5mm，裂片5。瘦果条形，具4棱，稍有硬毛；冠毛芒状，3~4枚。花果期9—10月。

　　**生境：** 生长在绿洲的水边、沼泽、渠边。常见于沼泽类、低地草甸类等草地。

　　**毒性：** 全草有毒，含挥发油、鞣质，木犀草素、木犀草素–7–葡萄糖苷等黄酮类。

## 蓍 *Achillea millefolium* L.

**形态特征：** 多年生草本，高30~100cm。茎直立，密生白色长柔毛。叶无柄，二至三回羽状全裂，末回裂片披针形至条形。头状花序序多数，密集成复伞房状；总苞矩圆形或近卵形，疏生长柔毛；总苞片3层，椭圆形至矩圆形；边缘舌状花5，舌片近圆形，白色、粉红色或淡紫红色，顶端2~3齿；中央筒状花为两性花，黄色，5齿裂，外面具腺点。瘦果矩圆形，淡绿色，有狭的淡白色边肋，无冠状冠毛。花果期6—9月。

**生境：** 生于山地草原的河滩、草甸。常见于温性草原类、温性草甸草原类、山地草甸类等草地。

**毒性：** 全草有毒，少量引起消化不良，大量刺激胃肠，并使耳聋。含吡咯生物碱、倍半萜内酯类、黄酮芹黄素、千叶蓍素等。

## 菊蒿 *Tanacetum vulgare* L.

**形态特征：** 多年生草本，高30~150cm。茎直立，仅上部有分枝。茎生叶多数，轮廓椭圆形或椭圆状卵形，长达25cm，二回羽状分裂，一回为全裂，二回为深裂。头状花序多数，在茎顶排列成稠密的伞房或复伞房状；总苞片3层，全部苞片边缘白色或淡褐色狭膜质；全部小花筒状，边缘雌花比两性花小。花果期6—8月。

**生境：** 生于山坡、河滩、山地草丛及桦木林下。常见于温性草甸草原类、山地草甸类等草地。

**毒性：** 全草有毒，误食过量菊蒿油和用叶子当茶饮用可引起中毒。症状为震颤、口吐白沫、强烈痉挛、扩瞳、脉搏频数而微弱、呼吸困难，最后心脏停搏而死。茎和叶中含菊蒿油，可作驱虫剂；含倍半萜内酯化合物，对人畜有毒；另外，含单萜侧柏酮、樟脑、乙酸龙脑酯，黄酮化合物木犀草素、槲皮素等；根含三炔二烯、青蒿酮等。地上部分还含菊内脂、塔米瑞、塔那奇、塔布林，叶中含两种新倍半萜酮菊蒿酮。

## 北艾 *Artemisia vulgaris* L.

**形态特征：** 多年生草本，高 50~100cm。茎少数或单生，有细纵棱，上部有分枝，斜向上贴茎。叶一至二回羽状深裂或全裂，裂片椭圆状披针形或线状披针形，上面深绿色，背面密被白色蛛丝状绒毛。头状花序在分枝上排列成密穗状；总苞片3~4层，覆瓦状排列；雌花花冠狭筒状，檐部2齿裂，紫红色；两性花花冠筒状，檐部5齿裂，紫红色。瘦果倒卵形或卵形。花果期8—10月。

**生境：** 生于草原、森林草原、林缘、谷地、荒地及路边。常见于温性草原类、温性草甸草原类、山地草甸类等草地。

**毒性：** 全草有毒。全草含挥发油，对皮肤有刺激，可使局部发热、潮红，皮肤吸收后则使肢体末梢神经麻痹；口服对咽喉及胃肠道有刺激，产生咽喉部干燥、胃肠不适、恶心、呕吐等反应，并有头晕、耳鸣等。主要是单萜成分侧柏酮、侧柏醇、桉油脑、青蒿醇、樟脑、龙脑等。

## 异果千里光 *Senecio jacobaea* L.

**形态特征：** 多年生草本，高20~100cm。茎直立。基生叶莲座状，叶片椭圆状倒卵形，羽状全裂；中下部茎生叶片与基生叶同形；茎上部叶无柄，基部扩大而半抱茎。头状花序排列成伞房状；总苞宽钟状。总苞片约14枚，条形；舌状花黄色；筒状花多数；雄蕊花药附器长出花冠。瘦果柱状，有向上的白色柔毛，舌状花果实无毛；冠毛粗糙。花期6—7月。

**生境：** 生于草原带的草甸，绿洲的农田附近。常见于温性草甸草原类、山地草甸类等草地。

**毒性：** 全草有毒，含双稠吡咯啶生物碱，是一类肝毒生物碱，易引起牲畜中毒。

## 林荫千里光 *Senecio nemorensis* L.

**形态特征：**多年生草本，高40~100cm。茎单生，直立。下部茎生叶早枯，中部茎生叶较大，叶片披针形或窄卵状披针形，下延于叶柄成窄翅，边缘具锯齿；上部叶小，无柄，锯齿小。头状花序排列成伞房状或复伞房状，被蛛丝状毛；总苞片1层，顶端黑褐色；边缘的舌状花黄色，雌性；筒状花黄色，两性，前端5裂。瘦果柱状，有细棱；冠毛白色，长4~7mm。花期6—7月。

**生境：**生于山区林缘、林下、草原带的河滩、草甸。常见于低地草甸类、温性草甸草原类、温性草甸类等草地。

**毒性：**全草有毒，含大叶千里光碱及瓶千里光碱。

## 准噶尔橐吾 *Ligularia songarica* (Fisch.) Ling

**形态特征：**多年生草本。茎无毛，基部密被一圈红褐色棉毛。丛生叶与茎下部叶箭形、卵状箭形或长圆状箭形，长6~14（35）cm，具小齿，叶脉羽状，两面光滑，叶柄长8.5~26cm；茎中部叶与下部叶同形；最上部叶卵状披针形或窄披针形，先端渐尖。复伞房状花序开展；苞片及小苞片窄披针形或钻形；头状花序多数，辐射状，总苞窄钟形，长5~7mm，径（3）4~5mm，总苞片5~7，2层，卵状长圆形或长圆形，背部内层具白色膜质边缘。舌状花3~4，黄色，舌片长圆形，长6~8mm；管状花8~13，伸出总苞，黄色，长6~7mm；冠毛白色，与花冠等长。花期5—8月。

**生境：**生于草原带及森林带的下缘。常见于低地草甸类、温性草原类等草地。

**毒性：**全草有毒。橐吾属植物主要毒性成分为吡咯里西啶类生物碱，具有肝毒性，牲畜采食后，可引起肝脏功能障碍。临床表现为精神不振、卧地不起、食欲废绝、呼吸急迫、心跳加快、心音增强、粪便干燥，以及可视黏膜黄染。

## 山地橐吾（天山橐吾）*Ligularia narynensis* (Winkl.) O. et B. Fedtsch.

**形态特征：**多年生草本，高14~65cm。茎直立，被白色的丛卷毛。基生叶及下部茎生叶具柄，基部变宽成鞘状，叶片卵状心形至长圆形，上面光裸，绿色，下面被白色丛卷毛，灰白色，中上部叶较小。头状花序2~8，排列成长聚伞伞房状，被白色丛卷毛；总苞片10~13枚；舌状花黄色；筒状花多数，雄蕊略高出花冠。瘦果圆柱形；冠毛白色，糙毛状。花期5—8月。

**生境：**生于亚高山、高山草原带、林下、山坡、灌丛。常见于温性草原类、温性草甸草原类、山地草甸类等草地。

**毒性：**全草有毒。橐吾属植物主要毒性成分为吡咯里西啶类生物碱，具有肝毒性，牲畜采食后，可引起肝脏功能障碍。临床表现为精神不振、卧地不起、食欲废绝、呼吸急迫、心跳加快、心音增强、粪便干燥，以及可视黏膜黄染。

## 大叶橐吾 *Ligularia macrophylla* (Ledeb.) DC.

**形态特征：** 多年生草本，高 50~105（170）cm。基生叶具柄，下部 1/3 常成鞘状，抱茎，上半部有翅，叶片长圆状或卵状长圆形；茎生叶无柄，叶片卵状长圆形至披针形。头状花序组成圆锥状；

总苞窄筒状，总苞片4~5枚，排列成2层；边缘舌状花1~3，雌性；筒状花5~7，伸出总苞。瘦果略扁压，柱状；冠毛短于筒状花，白色。花期7—8月。

**生境：** 生于河谷水边、芦苇沼泽、阴坡草地及林缘。常见于沼泽类、低地草甸类、温性草甸草原类、山地草甸类等草地。

**毒性：** 全草有毒。橐吾属植物主要毒性成分为吡咯里西啶类生物碱，具有肝毒性，牲畜采食后，可引起肝脏功能障碍。临床表现为精神不振、卧地不起、食欲废绝、呼吸急迫、心跳加快、心音增强、粪便干燥，以及可视黏膜黄染。

**牛蒡** *Arctium lappa* L.

**形态特征：** 二年生草本，高达2m。茎枝被毛及腺点。基生叶宽卵形，长达30cm，宽达21cm，基部心形，上面疏生糙毛及黄色小腺点，下面灰白或淡绿色，被绒毛，有黄色小腺点，叶柄长32cm，灰白色，密被蛛丝状绒毛及黄色小腺点；茎生叶与基生叶近同形。头状花序排成伞房或圆锥状伞房花序，花序梗粗；总苞卵形或卵球形，径1.5~2cm，总苞片多层，绿色，无毛，近等长，先端有软骨质钩刺，外层三角状或披针状钻形，中内层披针状或线状钻形。小花紫红色，花冠外面无腺点。瘦果倒长卵圆形或偏斜倒长卵圆形，浅褐色；冠毛多层，浅褐色，冠毛刚毛糙毛状，不等长。花果期6—9月。

**生境：** 生于山坡、山谷、林间空地、林下、水边、湿地、荒地、田间、田边、路旁等。常见于低地草甸类等草地。

**毒性：** 叶、种子有毒，含十八烷醇、三十烷醇、β–谷甾醇、亚油酸乙酯、牛蒡子苷、牛蒡酚、咖啡酸、松脂素等。

**毛头牛蒡** *Arctium tomentosum* Mill.

**形态特征：** 二年生草本，高40~150cm。茎直立，粗壮，分枝，被稀疏的乳突状毛、蛛丝状柔毛及黄色腺点。叶卵形，基部心形或宽心形，沿缘具稀疏的小齿或全缘，上面绿色，下面灰白色。头状花序生于茎枝顶端排列成伞房状花序；总苞卵球形或球形，多少密被蛛丝状柔毛；总苞片多层，外层和中层总苞片顶端有倒钩刺，内层总苞片顶端渐尖，无钩刺；小花紫红色，檐部5浅裂。瘦果倒长卵形，压扁；冠毛多层，刚毛糙毛状，淡褐色，长约3mm。花果期7—9月。

**生境：** 生于山谷、山坡、林缘、林间空地、水边湿地，以及村边、路旁、荒地、田间等。常见于低地草甸类等草地。

**毒性：** 叶、种子有毒，含牛蒡苷、牛蒡苷元、拉帕酚A、蒽醌类、内脂类、生物碱类、酚类、有机酸类等。

## 水麦冬科 Juncaginaceae

**水麦冬** *Triglochin palustre* L.

　　**形态特征：**多年生草本，须根细弱。茎高20~50cm，为鞘内分蘖。叶基生，叶鞘宿存，分裂成纤维状；叶舌短、膜质；叶片条形，半圆柱状，长不超过花序。总状花序顶生，花多数，排列疏散；花小，紫绿色，无苞片；花被片6，鳞片状，具狭膜质边缘；雄蕊6；心皮3，柱头毛刷状。果实棒状，成熟时3瓣裂。花期6—8月，果期7—9月。

　　**生境：**生于河、湖、溪水边沼泽化草甸及盐渍化潮湿草甸。常见于沼泽类、低地草甸类等草地。

　　**毒性：**全草有毒，中毒可引起呼吸麻痹，在1~10小时内致死。含氰苷、海韭菜苷，水解后生成氢氰酸而显示毒性。

**海韭菜** *Triglochin maritima* L.

**形态特征：** 二年生草本，高达2m。茎枝被毛及腺点。基生叶宽卵形，长达30cm，宽达21cm，基部心形，上面疏生糙毛及黄色小腺点，下面灰白或淡绿色，被绒毛，有黄色小腺点，叶柄长32cm，灰白色，密被蛛丝状绒毛及黄色小腺点；茎生叶与基生叶近同形。头状花序排成伞房或圆锥状伞房花序，花序梗粗；总苞卵形或卵球形，径1.5~2cm，总苞片多层，绿色，无毛，近

等长，先端有软骨质钩刺，外层三角状或披针状钻形，中内层披针状或线状钻形。小花紫红色，花冠外面无腺点。瘦果倒长卵圆形或偏斜倒长卵圆形，浅褐色；冠毛多层，浅褐色，冠毛刚毛糙毛状，不等长。花果期6—9月。

**生境：** 生于河、湖、溪边盐渍化湿草甸和沼泽草甸。常见于沼泽类、低地草甸类等草地。

**毒性：** 全草有毒。中毒可引起呼吸麻痹，在1~10小时内致死亡。含氰苷、海韭菜苷，水解后生成氢氰酸而显示毒性。

## 泽泻科 Alismataceae

**东方泽泻** *Alisma orientale* (Samuel.) Juz.

**形态特征：** 多年生沼生植物，具地下球茎。叶全部基生；叶柄长5~50cm，基部鞘状；叶椭圆形、长椭圆形或宽卵形，长2.5~18cm，宽1~9cm，顶端渐尖、锐尖或凸尖，基部心形、近圆形或楔形。花葶直立，长15~100cm；花轮生呈伞形状，伞形花序的总梗长2~4cm，再集成大型圆锥花序；花两性；外轮花被片3，萼片状，广卵形，长2~3mm，宽1.5mm；内轮花被片3，花瓣状，白色，较外轮小；雄蕊6；心皮多数，轮生，花柱较子房短或等长，弯曲。瘦果两侧扁，背部有1~2浅沟，长1.5~2mm，宽1.5mm，花柱宿存。花期5—7月，果期7—9月。

**生境：** 生于河、湖、溪水边、沼泽地及稻田中，为水稻田习见杂草。常见于沼泽类、低地草甸类草地。

**毒性：** 块根有毒，含三萜、倍半萜、糖类、脂肪烃及其衍生物、氮化合物、苯丙素、黄酮、甾体、二萜和其他类。

## 禾本科 Gramineae

### 梯牧草 *Phleum pratense* L.

**形态特征：**多年生草本，须根稠密。具短根茎；秆直立，基部球状膨大并宿存枯萎叶鞘，高40~80cm，具5~6节。叶鞘松弛，光滑无毛，短于或下部者长于节间；叶舌膜质，长2~5mm；叶片扁平，两面和边缘粗糙，长10~30cm，宽3~8mm。圆锥花序圆柱状，灰绿色，长4~15cm，宽5~6mm；小穗长圆形，含1小花；二颖相等，膜质，长约3mm，具3脉，中脉成脊，脊上具硬纤毛，顶端平截，具长0.5~1mm的尖头；外稃薄膜质，长约2mm，具7脉，脉上具微毛，顶端钝

圆；内稃稍短于外稃；花药长约1.5mm。颖果长圆形，长约2mm，宽约1mm。花果期7—8月。

**生境：**生于天山和准噶尔西部山地水分条件较好的山地草甸、河谷草甸及阔叶林下。常见于温性草甸草原类、山地草甸类等草地。

**毒性：**花粉和孢子有毒。花粉和孢子中的一些水溶性蛋白与人接触时迅速释放，引起过敏。

### 醉马草 *Achnatherum inebrians* (Hance) Keng

**形态特征：**多年生草本，须根柔韧。秆直立，少数丛生，平滑，高60~100cm。叶舌厚膜质，长约1mm，顶端平截或具裂齿；叶片质地较硬，直立，扁平或边缘常卷折。圆锥花序紧缩呈穗状；小穗灰绿色或基部带紫色，成熟后变为褐色；颖膜质，微粗糙，先端尖常破裂，二颖近等长，具3脉；外稃长约4mm，背部密被柔毛，顶端具2微齿，具3脉，脉于顶端汇合且延伸成芒，芒长10~13mm，一回膝曲，芒柱稍扭转且被短微毛，基盘钝，具短毛。花果期6—9月。

**生境：**生于中低山较宽阔的沟谷。常见于温性草原类等草地。

**毒性：**全草有毒，马、骡采食鲜草达体重1%，在30~60分钟后可出现口吐白沫、头耳下垂、行走摇晃、酒醉状等中毒症状。主要有毒成分为二烷双胺，是一种有机胺类生物碱。

## 羽茅 *Achnatherum sibiricum* (L.) Keng

**形态特征：** 多年生草本，形成疏丛，须根较粗。秆直立，高60~150cm。叶鞘松弛，光滑；叶舌厚膜质，平截，顶端具裂齿；叶片扁平或边缘内卷，质地较硬。圆锥花序较紧缩；小穗草绿色或紫色；颖膜质，长圆状披针形，顶端尖，背部微粗糙；外稃长6~7mm，顶端具2微齿，被较长的柔毛，具3脉，脉于顶端汇合，基盘尖，芒长18~25mm，一回或不明显的二回膝曲，芒柱扭转且具细微毛；内稃约与外稃等长，背部圆形，具2脉。颖果圆柱形，长约4mm。花果期6—9月。

**生境：** 生于林缘草甸。常见于温性草原类等草地。

**毒性：** 全草有毒，牲畜多食可引起酩酊醉状。含2，4-二叔丁基苯酚；对二甲苯；芳樟醇；邻苯二甲酸；邻苯二甲酸二丁酯；硬脂酸甲酯；3-甲基-十七烷；9-甲基-二十六烷等。

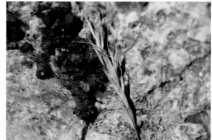

## 百合科 Liliaceae

### 镰叶顶冰花 *Gagea fedtschenkoana* Pasch.

**形态特征：** 多年生草本植物。鳞茎通常卵圆形。茎高5~12cm，全株暗绿色，光滑。基生叶1枚，条形，呈镰刀形弯曲，正面具凹槽，背面具龙骨状脊。花2~5，排成伞形花序或伞房花序；总苞片狭披针形，长于花序；花被片先端钝或锐尖，条形或窄矩圆形，长1~1.5cm，宽约2mm，里面淡黄色，外面绿色或暗紫色，具黄色的边缘。蒴果三棱状倒卵形，长为宿存花被的1/2。种子矩圆形，红棕色。花果期4月中旬至5月中旬。

**生境：** 生于亚高山草甸、林缘草甸和草原带的低凹处。常见于温性草甸草原类、山地草甸类等草地。

**毒性：** 全草有毒，鳞茎毒性大。地上部分含铃兰毒苷、毒毛旋花子醇、索马林等多种强心苷，香豆素类成分有伞形花酮和东莨菪素，还含有黄酮类和多元醇等。根还含有强心苷类成分。

## 伊犁郁金香 *Tulipa iliensis* Regel

**形态特征：** 植株高通常10~30cm。鳞茎卵圆形，鳞茎皮黑褐色，薄革质，外面无毛，内面上部有伏生毛，有时下部也有毛。叶3~4枚，条形或条状披针形。花常单朵顶生，花被黄色，花被片长25~35mm，宽4~20mm，外花被片椭圆状菱形，背面有紫晕，内花被片长倒卵形，黄色；当花被萎谢时，颜色都变深，为暗红色或红黄色；6枚雄蕊等长，花丝无毛，中部稍扩大，向两端逐渐变窄；子房矩圆形，几无花柱。蒴果椭圆形；种子扁平，近三角形。花期4—5月，果期5月。

**生境：** 生于山前平原荒漠及低山的荒漠及干草原。常常成大面积生长，为早春植被的优势种。常见于温性荒漠草原类、温性草原类等草地。

**毒性：** 全草有毒，鳞茎最毒。含郁金香苷A和郁金香苷B，可导致呕吐、抑郁、腹泻、唾液分泌过多。鳞茎中毒素的浓度最高。

### 新疆郁金香 *Tulipa sinkiangensis* Z. M. Mao

**形态特征：** 株高10~15cm。鳞茎卵圆形，直径1~2cm；鳞茎皮纸质，褐色，上端抱茎，上延长达4~5cm，外面无毛，内面有较密的伏生毛，有时中部无毛或有疏毛。茎通常单生，偶尔2分枝，常埋于地下5~10cm，无毛或有疏毛。叶3枚，通常靠紧着生，边缘多少呈皱波状，最下部的叶较大，长披针形或长卵形，宽1~2cm，茎上部的叶条形至窄长披针形，宽1~3mm，先端常卷曲或弯曲。花单朵顶生，花被片长1~2cm，黄色或暗红色，较少红黄色，外花被片倒宽披针形，背面常晕紫色或暗紫色，内花被片倒卵形；6枚雄蕊等长，花药长矩圆形，长约8mm，花丝无毛，长约5mm，从基部向上逐渐变宽，到中上部突然变窄，至顶端几呈针状。蒴果卵形，长约1.5cm，宽约1cm。花期4—5月，果期5月。

**生境：** 生于石质低山阳坡及山前平原荒漠。常见于温性荒漠类、温性草原化荒漠类等草地。

**毒性：** 全草有毒，鳞茎最毒。含郁金香苷A和郁金香苷B，可导致呕吐、抑郁、腹泻、唾液分泌过多。鳞茎中毒素的浓度最高。

**垂蕾郁金香** *Tulipa patens* Agardh. ex Schult.

**形态特征：** 株高10~25cm。鳞茎皮纸质，内面上部有伏生毛。叶2~3枚，稀疏排列，条状披针形或披针形，下部叶宽1~2cm，上部叶窄，宽0.5~1cm。花单朵顶生，在花蕾期及凋萎时均下垂；花被片长1.5~3cm，白色，基部有黄色斑，外花被片背面紫绿色或淡紫色，内花被片基部有柔毛，背面中央有紫绿色或淡紫色纵条纹；雄蕊3长3短，花丝基部扩大，被毛；花柱长1~2mm。蒴果矩圆形。花期4—5月，果期5月。

**生境：** 生于山地阴坡或阳坡灌丛下。常见于温性草甸草原类、山地草甸类等草地。

**毒性：** 全草有毒，鳞茎最毒。含郁金香苷A和郁金香苷B，可导致呕吐、抑郁、腹泻、唾液分泌过多。鳞茎中毒素的浓度最高。

### 柔毛郁金香 *Tulipa biflora* Pallas

**形态特征：** 株高10~15cm。鳞茎皮纸质，上端稍上延，内面中上部有柔毛。叶2枚，条形，宽0.5~1cm，边缘皱波状。花常单朵，少数2朵顶生；花被片长2~2.5cm，乳白色，基部有黄色斑，外花被片背面紫绿色或黄绿色，内花被片基部有毛，背部中央有紫绿色或黄绿色纵条纹；雄蕊3长3短，花丝下部扩大，基部有毛；花药先端具黄色或紫黑色短尖头；花柱长约1mm。蒴果近球形，径约1.5cm。种子扁平，三角形。花期4—5月，果期5—6月。

**生境：** 生于平原蒿属荒漠或低山草坡。常见于温性荒漠类、温性草原化荒漠类等草地。

**毒性：** 全草有毒，鳞茎最毒。含郁金香苷A和郁金香苷B，可导致呕吐、抑郁、腹泻、唾液分泌过多。鳞茎中毒素的浓度最高。

## 鸢尾科 Iridaceae

### 白番红花 *Crocus alatavicus* Regel et Sem.

**形态特征：** 多年生草本。球茎扁圆形，直径 1~2cm，膜质包被淡黄色或黄褐色；根纤细。植株基部具膜质鞘状叶，叶 6~8 枚，条形，边缘内卷。花白色；花被 6，内外两轮排列，中脉上具有蓝色的纵条纹，内轮裂片略窄；雄蕊花药橘黄色，条形，直立；花柱丝状，顶端 3 分枝，柱头略膨大，子房纺锤形。蒴果椭圆形。种子为多面体状，表面皱，一端具白色附属物。花期 4—6 月，果期 6—9 月。

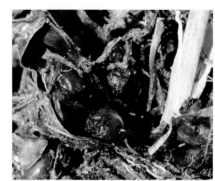

**生境：** 生于阴湿草甸及半阳坡草地。常见于温性草甸草原类、山地草甸类等草地。

**毒性：** 白番红花球茎提取物有较小的毒性。可能含有糖类、苷类、皂苷、有机酸、酚类、甾体或三萜类等化学成分，白番红花球茎还可能含有氨基酸、生物碱、黄酮类和香豆素类等化学成分。

**喜盐鸢尾** *Iris halophila* Pall.

**形态特征：** 多年生草本。根状茎粗壮，有老叶叶鞘残留。叶剑形，长20~40cm。花茎粗壮，高20~42cm，具侧枝1~4；苞片3枚，草质，边缘膜质，内包有2朵花；花黄色；雄蕊长3cm，花药黄色；花柱分枝，扁平，呈拱形弯曲，子房纺锤形。蒴果长5.5~9cm，具6条棱，翅状，顶端具长喙，成熟后开裂；种子长5mm，黄棕色。花期5—7月，果期7—8月。

**生境：** 生于山谷湿润草地、河岸荒地、低山盐碱草甸草原及低洼荒地。常见于低地草甸类等草地。

**毒性：** 全草有毒，含有生物碱、有机酸、酚类、鞣质、黄酮、蒽醌、皂苷、香豆素、挥发油及三萜类化合物。

# 第三章
# 博乐市草原有害植物

# 第一节　有害植物种类及分布

截至目前，已普查到博乐市有害植物共有64种，分属于14科30属。主要有害植物种类依次为蔷薇科5属15种、菊科6属13种、豆科4属7种、禾本科2属6种、百合科1属5种、紫草科3属5种等（表3）。主要有害植物种类中沼泽类草地分布1种，低地草甸类草地分布18种，温性荒漠类草地分布14种，温性草原化荒漠类草地分布14种，温性荒漠草原类草地分布14种，温性草原类草地分布29种，温性草甸草原类草地分布33种，山地草甸类草地分布20种，高寒草甸类草地分布1种，农区分布18种。

表3　博乐市天然草原有害植物数量

| 序号 | 科名 | 属数 | 种数 |
|---|---|---|---|
| 1 | 蓼科 Polygonaceae | 1 | 1 |
| 2 | 小檗科 Berberidaceae | 1 | 2 |
| 3 | 山柑科 Capparidaceae | 1 | 1 |
| 4 | 十字花科 Cruciferae | 2 | 2 |
| 5 | 蔷薇科 Rosaceae | 5 | 15 |
| 6 | 豆科 Leguminosae | 4 | 7 |
| 7 | 白刺科 Nitrariaceae | 1 | 2 |
| 8 | 蒺藜科 Zygophyllaceae | 1 | 1 |
| 9 | 旋花科 Convolvulaeae | 1 | 2 |
| 10 | 紫草科 Boraginaceae | 3 | 5 |
| 11 | 茄科 Solanaceae | 1 | 2 |
| 12 | 菊科 Compositae | 6 | 13 |
| 13 | 禾本科 Gramineae | 2 | 6 |
| 14 | 百合科 Liliaceae | 1 | 5 |
| 合计 | | 30 | 64 |

分布面积较大的品种有禾本科的镰芒针茅、新疆针茅、三芒草，豆科的白皮锦鸡儿、草木樨（黄花草木樨），蓼科的刺木蓼，小檗科的黑果小檗、红果小檗，蔷薇科的金丝桃叶绣线菊，十字花科的新疆大蒜芥，百合科的葱属植物等。镰芒针茅主要分布在四台谷地、岗吉格山南部、库色木契克山、赛里木湖东部等地；新疆针茅主要分布在赛里木湖北部、西部和南部山前，赛里木湖东部的乱山子，喀拉克默尔东部，岗吉格山西部海拔1500m以上，库色木契克山海拔1500m以上等地；三芒草主要分布在四台谷地海拔约900m以下区域，岗吉格山北部山前等地；白皮锦鸡儿、刺木蓼主要分布在博乐市岗吉格山、阿拉套山、库色木契克山中、低山及山前平原区域的温性荒漠类、温性草原化荒漠类、温性荒漠草原类草地；草木樨（黄花草木樨）、新疆大蒜芥主要分布在农区周边、路旁、牧道等地；黑果小檗、红果小檗、金丝桃叶绣线菊主要分布在博乐市阿拉套山、库色木契克山、岗吉格山温性草原类、温性草甸草原类草地；葱属植物主要分布在博乐市温性荒漠类、温性草原化荒漠类、温性荒漠草原类、温性草原类、温性草甸草原类、山地草甸类草地，是博乐市分布最广的有害植物。对博乐市草地有害植物对牲畜危害较大的是针茅属、蔷薇属和锦鸡儿属。

# 第二节 有害植物图鉴

## 蓼科 Polygonaceae

**刺木蓼** *Atraphaxis spinosa* L.

**形态特征**：灌木，分枝多；老枝木质化，顶端无叶成刺状。叶全缘，基部楔形；托叶鞘筒状，膜质，下部淡褐色，上面有2个短芒状的齿。总状花序间断，短；花淡红色具白色边缘或白色，生于叶腋，花被片4，外轮2片小，内轮2片果期增大。瘦果扁平，淡褐色，有光泽。花果期5—8月。

**生境**：生于砾石质、石质山坡和砾石戈壁、沙地。常见于温性荒漠类、温性草原化荒漠类、温性荒漠草原类等草地。

**害处**：锐枝有害，降低羊毛品质。

## 小檗科 Berberidaceae

**黑果小檗** *Berberis atrocarpa* Schneid.

**形态特征：** 灌木，高1~2m。刺单1或3分叉。叶革质，绿色，倒卵形，基部渐窄成柄，全缘或具不明显的刺状齿牙。总状花序；萼片6~8，花瓣状，宽卵形到倒卵形；花瓣6，宽倒卵形或宽椭圆形。浆果球形或广椭圆形，直径可达1.2cm，紫黑色，被白粉。种子长卵形，表面有皱纹。花期5月，果期7—8月。

**生境：** 生于山前灌丛及中山带的河岸两边。常见于温性草原类、温性草甸草原类等草地。

**害处：** 刺有害，降低羊毛品质。

## 红果小檗 *Berberis nummularia* Bunge

**形态特征：** 落叶灌木，高1~4m。叶刺1~3
叉。叶革质，倒卵形、倒卵状匙形或椭圆形，
多全缘，并有多少不等的疏锯齿，齿端有刺。
总状花序，花多；苞片2，披针状线形；萼片黄
色，花瓣状；花瓣黄色，6片。浆果长圆状卵
形，长6~7mm，淡红色，成熟后淡红紫色。种
子窄长卵形。花期4—5月，果期5—7月。

**生境：** 生于山地灌丛及草原带。常见于温
性草原类、温性草甸草原类等草地。

**害处：** 刺有害，降低羊毛品质。

## 山柑科 Capparidaceae

**山柑** *Capparis spinosa* L. :K. C. Kuan

**形态特征：**藤本小半灌木。枝条平卧，辐射状展开。托叶2，变成刺状。单叶互生，肉质；萼片4，排列成2轮；花瓣4，白色或粉色；雄蕊多数，长于花瓣。蒴果浆果状，椭圆形，果肉血红色。种子肾形，具褐色斑点。花期5—6月。

**生境：**生于荒漠地带的戈壁、沙地、石质山坡及山麓，也见于农田附近。常见于温性荒漠类等草地。

**害处：**刺状托叶有害，降低羊毛品质。

## 十字花科 Cruciferae

### 钝叶独行菜 *Lepidium obtusum* Basiner

**形态特征：** 多年生草本，高40~100cm。茎直立。叶革质，宽卵形，基部渐窄或具耳抱茎，全缘或具疏锯齿。总状花序分枝成圆锥状或伞房状。短角果宽卵形，顶端钝圆，先端无翅，基部心形，花柱极短。种子每室1枚，黄褐色，卵形。花果期7—8月。

**生境：** 生于蒿属荒漠和戈壁滩上、农区，也见于草原地带。常见于温性荒漠类、温性草原化荒漠类、温性荒漠草原类、温性草原类等草地。

**害处：** 全草有害，降低肉类品质。

**新疆大蒜芥** *Sisymbrium loeselii* L.

植物形态特征和生境及图片见102页。

**害处：** 全草有害，降低乳、肉品质量。

## 蔷薇科 Rosaceae

**金丝桃叶绣线菊（兔儿条）** *Spiraea hypericifolia* L.

**形态特征：** 落叶小灌木，最高可达2m。枝条直展，小枝棕褐色。叶片倒卵形或匙形，基部楔形，先端钝圆，全缘或仅先端有小齿。伞形花序，花瓣近圆形，白色；雄蕊20，较花瓣短；蓇葖果直立开张，无毛。花果期4—9月。

**生境：** 生于草原带砂砾质洼地、森林带石质化阳坡上。常见于温性草原类、温性草甸草原类等草地。

**害处：** 枝有害，降低羊毛品质。

## 大叶绣线菊（石蚕叶绣线菊）*Spiraea chamaedryfolia* L.

**形态特征：** 灌木，高1~1.5m。叶片阔卵形或长圆状卵圆形，边缘有不整齐的单锯齿或重锯齿。花序伞房状；花白色；萼筒宽钟状，花瓣宽卵形或近圆形；雄蕊30~50，长于花瓣。蓇葖果被伏生短柔毛，背部凸起，花柱从腹面伸出，萼片常反折。花期5—6月，果期7—8月。

**生境：** 生于溪旁灌丛及林缘。常见于温性草原类、温性草甸草原类等草地。

**害处：** 枝有害，降低羊毛品质。

**树莓（多腺悬钩子）** *Rubus phoenicolasius* Maxim.

**形态特征：** 灌木，高 0.5~1.2m。枝褐色或红褐色，疏生皮刺。奇数羽状复叶，小叶3~5（7），长卵形或椭圆形，基部圆形，顶生小叶基部近心形，上面无毛或生疏柔毛，下面密被灰白色绒毛，边缘有重锯齿。伞房状圆锥花序；萼片灰绿色，卵状披针形，有尾尖；花瓣匙形或长圆形，白色。聚合果球形，多汁，红色或橙黄色，密被短绒毛；核面具明显洼孔。花期5—6月。

**生境：** 生于谷地灌丛及林缘。常见于温性草甸草原类、山地草甸类等草地。

**害处：** 刺有害，降低羊毛品质。

**黑果悬钩子** *Rubus caesius* L.

**形态特征：** 蔓生灌木，茎长0.5~1.5m。小枝黄绿色或淡褐色，常被白色蜡粉，具直刺、弯刺和刺毛。三出复叶，稀5，阔卵形或菱状卵形，长4~7cm，宽3~7cm，灰绿色，两面被疏毛，边缘有缺刻状粗锯齿或重锯齿，有时3浅裂；叶柄被短柔毛和皮刺，有时混生腺毛；托叶宽披针形，具柔毛。伞房或短总状花序，或少花腋生；花梗和萼片均被柔毛和细刺，有时混生腺毛；苞片宽披针形，被柔毛和腺毛；花直径2~3cm；萼片卵状披针形，具尾尖；花瓣白色，宽椭圆形，基部具短爪；雄蕊多数，花丝线形，几与花柱等长；花柱与子房均无毛。果实近球形，黑色，无毛，被蜡粉。花期6—7月，果期8月。

**生境：** 生于谷地灌丛或林缘。常见于低地草甸类等草地。

**害处：** 刺有害，降低羊毛品质。

## 水杨梅（路边青）*Geum chiloense* Balb. ex Ser.

植物形态特征和生境及图片见105页。

**害处：** 果实有害，降低羊毛品质。

## 紫萼水杨梅 *Geum rivale* L.

**形态特征：** 多年生草本，高30~70cm。茎直立。茎生叶为极不相等的大头羽状复叶，顶生小叶最大，边缘呈缺刻状浅裂或3深裂，茎生叶单叶，3裂；托叶卵状椭圆形。花序常下垂；萼片卵状三角形，副萼片狭小，常带紫色；花瓣黄色，有紫褐色条纹，半圆形。瘦果被毛，花柱宿存，果喙顶端具钩。花期6—7月，果期8—9月。

**生境：** 生于河边草甸及谷地灌丛。常见于低地草甸类、温性草甸草原类、山地草甸类等草地。

**害处：** 果实有害，降低羊毛品质。

**西北沼委陵菜** *Comarum salesovianum* (Steph.) Asch. et Gr.

**形态特征：** 半灌木，高30~100cm。茎直立，有分枝，下部木质化，幼茎被白色蜡粉及长柔毛。奇数羽状复叶，小叶7~11，长圆状披针形或卵状披针形，边缘有尖锯齿，上面绿色，无毛，下面有白蜡粉及伏生柔毛，复叶柄带红色，被长柔毛；托叶膜质，具长尾尖，大部分与叶柄合生，有白色蜡粉及长柔毛，上部叶具3小叶。聚伞花序；花托肥厚；萼片三角状卵形，带紫红色，先端渐尖，副萼片线状披针形，紫色，先端渐尖，外面均被白色蜡粉及柔毛；花瓣倒卵形，与萼片等长，白色，有时带红色，先端圆钝，基部有短爪。瘦果长圆形，被长柔毛。花期6—8月，果期8—10月。

**生境：** 生于碎石坡地及谷地灌丛。常见于温性草甸草原类、山地草甸类等草地。

**害处：** 枝、果实有害，降低羊毛品质。

**多刺蔷薇（密刺蔷薇）** *Rosa spinosissima* L.

**形态特征：** 灌木，高1~1.5m。当年生小枝红褐色，密生细直平展的皮刺和刺毛；羽状复叶，小叶5~11，小叶边缘有单锯齿或重锯齿，上面暗绿色，下面淡绿色。花常单生叶腋，稀1~2朵聚生，无苞片；花托球形；萼片披针形，具尾尖；花瓣黄色，宽倒卵形。果实近球形，成熟时果梗上部加粗，褐色或暗褐色，萼片宿存。花期5—6月，果期7—8月。

**生境：** 生于山地草原及谷地灌丛。常见于温性草原类、温性草甸草原类等草地。

**害处：** 刺有害，降低羊毛品质。

**宽刺蔷薇** *Rosa platyacantha* Schrenk

　　**形态特征：** 灌木，高1~2m。枝条粗壮，开展，刺坚硬直而扁。小叶5~9，连叶柄长3~5cm，叶片革质，边缘有锯齿。花单生于叶腋；萼片内面被柔毛；花瓣黄色，倒卵形，先端微凹；花柱离生，稍伸出萼筒外，比雄蕊短。果球形至卵球形，暗红色至紫褐色；萼片直立，宿存。花果期5—8月。

　　**生境：** 生于河滩、碎石坡地、林缘及干旱山坡。常见于低地草甸类、温性草原类、温性草甸草原类等草地。

　　**害处：** 刺有害，降低羊毛品质。

### 落花蔷薇 *Rosa beggeriana* Schrenk

**形态特征：** 灌木，高1~3m。小枝圆柱形，紫褐色，无毛，有成对或散生的皮刺，刺大，坚硬，基部扁宽，呈镰刀状弯曲，淡黄色，有时混生细刺。小叶5~11，连叶柄长3~12cm；小叶卵圆形或椭圆形，长1~2.5cm，宽0.5~1.2cm，先端钝圆，基部近圆形或宽楔形，两面无毛或仅在下面有短柔毛，边缘有单锯齿，稀重锯齿；叶柄有稀疏的柔毛和小细刺；托叶与叶柄合生，离生部分卵形，边缘具腺齿。花数朵组成伞房状圆锥花序，稀单生；苞片1~3，卵形，先端渐尖，边缘具腺齿；花梗长1~2cm，先端渐尖，边缘具腺齿；花梗长1~2cm，无毛或稀有腺毛；花直径2~3cm，花托近球形，无毛；萼片披针形，先端具尾尖，稀扩展成叶状，外面被腺毛，内面密被短绒毛；花瓣白色，宽倒卵形，先端微凹，基部宽楔形；花柱离生，有长柔毛，比雄蕊短很多。果近球形或卵圆形，红色或橘黄色，萼片脱落。花期5—7月，果期7—10月。

**生境：** 生于河谷、溪旁及林缘。常见于温性草原类、温性草甸草原类等草地。

**害处：** 刺有害，降低羊毛品质。

## 伊犁蔷薇 *Rosa silverhjelmii* Schrenk

**形态特征：** 灌木，高达1.5m。具半缠绕的枝条，去年生枝条淡棕绿色，后变为褐色；刺稀疏，成对，几同型，呈镰刀状弯曲，基部宽7~8mm，托叶具耳，光滑，有时边缘具细腺点；小叶2~3对，窄椭圆形，长2.5cm，宽1cm，边缘具单锯齿，近基部全缘，两面无毛；叶柄稍有绒毛。花单生或呈伞房花序，花白色；花梗常无毛，长1.5~2cm；苞片阔披针形或窄披针形，具绒毛；萼片先端渐尖，被短绒毛；柱头聚成疏松头状，微伸出花盘。果实近球形，直径5~7mm，表面光滑，成熟黑色，萼片脱落。花期5—7月，果期8—10月。

**生境：** 生于谷地灌丛或河滩砂地。常见于低地草甸类、温性草原类、温性草甸草原类等草地。

**害处：** 刺有害，降低羊毛品质。

**腺齿蔷薇** *Rosa albertii* Regel

**形态特征：** 灌木，高1~2m。枝条呈弧形开展，皮刺细直，基部呈圆盘状，散生或混生较密集针状刺。小叶5~11，小叶片边缘有重锯齿，齿尖常具腺体，上面无毛，下面有短柔毛，沿脉较密。花常单生，或2~3朵簇生；苞片卵形，边缘有腺毛；花梗长1.5~3cm；花瓣白色，宽倒卵形，先端微凹。果实卵圆形，橘红色，果期萼片脱落。花期5—6月，果期7—8月。

**生境：** 生于中山带林缘、林中空地及谷地灌丛。常见于温性草原类、温性草甸草原类等草地。

**害处：** 刺有害，降低羊毛品质。

**疏花蔷薇** *Rosa laxa* Retz.

**形态特征：** 灌木。小枝无毛，有成对或散生、镰刀状、浅黄色皮刺。小叶7~9，连叶柄长4.5~10cm；小叶椭圆形、长圆形或卵形，稀倒卵形，长1.5~4cm，有单锯齿，稀有重锯齿，两面无毛或下面有柔毛；叶轴上面有散生皮刺、腺毛和短柔毛，托叶大部贴生叶柄，离生部分耳状，卵形，边缘有腺齿，无毛。花常3~6朵呈伞房状，有时单生，花径约3cm；苞片卵形、先端渐尖，有柔毛和腺毛；花梗长1~1.8（3）cm；萼片卵状披针形，全缘，外面有稀疏柔毛和腺毛，内面密被柔毛；花瓣白色，倒卵形，先端凹凸不平；花柱离生，密被长柔毛，短于雄蕊。果长圆形或卵球形，径1~1.8cm，顶端有短颈，熟时红色，常有光泽；宿萼直立。花期6—8月，果期8—9月。

**生境：** 生于山坡灌丛、林缘及干河沟旁，平原地区有栽培。常见于低地草甸类、温性草原类、温性草甸草原类等草地。

**害处：** 刺有害，降低羊毛品质。

**樟味蔷薇** *Rosa cinnamomea* L.

**形态特征：** 灌木，高0.5~2m。小枝棕红色，有光泽，有细瘦而直的皮刺、散生或在叶柄基部常成对。小叶5~7，长1.5~3cm，宽1~2cm，长圆状椭圆形、卵形或倒卵圆形，顶端钝圆，基部几圆或宽楔形，边缘具尖的单锯齿，上面绿色，常有伏贴毛，稀无毛，下面灰绿色，有密的紧贴的绒毛，叶脉突出。花常单生，少2~3朵，花直径3~6cm；花梗短；苞片披针形；花托球形或长卵形，平滑；萼片全缘，稀有丝状小羽片，长于花瓣，边缘和外面被绒毛，有腺体；花瓣粉红色，宽倒卵圆形，顶端微凹；花柱头状，具长柔毛。果实球形、卵圆形或椭圆形，光滑，橘红色或红色，萼片宿存。花期5—7月。

**生境：** 生于河谷灌丛及林缘。常见于温性草原类、温性草甸草原类等草地。

**害处：** 刺有害，降低羊毛品质。

### 腺毛蔷薇（腺果蔷薇）*Rosa fedtschenkoana* Regel

**形态特征：** 小灌木，高1~2m。当年生枝条具细弱而直的皮刺，老枝刺大，坚硬，基部扩展成扁三角形。小叶常5~9。花单生；花托球形，外被腺毛；萼片披针形，外面具腺；花瓣白色，稀粉红色，宽倒卵形，长于萼片。果实长圆状卵圆形，深红色，密被腺状刺毛。花期6—7月，果期7—8月。

**生境：** 生于河滩灌丛及干旱坡地。常见于温性草原类、温性草甸草原类等草地。

**害处：** 刺有害，降低羊毛品质。

### 白花草木樨 *Melilotus albus* Desr.

植物形态特征和生境及图片见111页。

**害处：** 全草有害，降低乳、肉品质量。

### 草木樨（黄花草木樨）*Melilotus officinalis* (L.) Pall.

植物形态特征和生境及图片见112页。

**害处：** 全草有害，降低乳、肉品质量。

### 细齿草木樨 *Melilotus dentatus* (Waldstein & Kitaibel) Persoon

植物形态特征和生境及图片见113页。

**害处：** 全草有害，降低乳、肉品质量。

### 铃铛刺（盐豆木）*Halimodendron halodendron* (Pall.) Voss

**形态特征：** 灌木，高0.5~2m。老枝灰褐色。偶数羽状复叶，托叶针刺状，叶轴硬化成刺，宿存。总状花序，具花2~5朵；萼筒钟状，萼齿5，宽三角形；花冠蝶形，淡紫色，旗瓣宽卵形。荚果矩圆状倒卵形，革质，膨胀。种子多数，肾形。花果期5—7月。

**生境：** 常见于低地草甸类等草地。

**害处：** 刺有害，降低羊毛品质。

**白皮锦鸡儿** *Caragana leucophloea* Pojark.

**形态特征：** 灌木，高约1.0~1.5m。树皮黄白色，枝条开展，小枝密被短柔毛。托叶和叶轴在长枝者硬化成针刺、宿存，在短枝者脱落。小叶4，假掌状，倒披针形或条形。花单生，花萼筒状，疏被短柔毛，基部偏斜，萼齿三角形；花冠黄色。荚果条形。花果期5—8月。

**生境：** 常见于温性荒漠类、温性草原化荒漠类、温性荒漠草原类、温性草原类等草地。

**害处：** 刺有害，降低羊毛品质。

## 鬼箭锦鸡儿 *Caragana jubata* (Pall.) Poir.

植物形态特征和生境及图片见118页。

**害处：**刺有害，降低羊毛品质。

## 疏叶骆驼刺（骆驼刺）*Alhagi sparsifolia* Shap.

**形态特征：**茎直立，单叶，全缘。总状花序，花序轴变成坚硬的锐刺；萼钟形，裂齿5；花冠红色；雄蕊10，二体。荚果线形，不开裂，常于种子间缢缩而内面具隔膜，但荚节不断离。种子肾形。花期5—7月。

**生境：**生于荒漠地区的沙地、河岸、农田边及低湿地。常见于低地草甸类等草地。

**害处：**刺有害，降低羊毛品质。

## 白刺科 Nitrariaceae

**白刺（唐古特白刺）** *Nitraria tangutorum* Bobr.

**形态特征：** 灌木。高1~2m。多分枝，平卧，先端刺针状。叶通常2~3片簇生，宽倒披针形，全缘。聚伞花序顶生，较稠密，萼片5，绿色；花瓣5，白色。核果卵形或椭圆形，熟时深红色，果核窄卵形，先端短渐尖。花果期5—8月。

**生境：** 生于荒漠和半荒漠沙地、山前平原等。常见于低地草甸类等草地。

**害处：** 枝有害，降低羊毛品质。

**西伯利亚白刺（小果白刺）** *Nitraria sibirica* Pall.

**形态特征：** 灌木，高达1.5m。多分枝，小枝灰白色，先端刺尖。幼枝之叶4~6簇生，倒披针形或倒卵状匙形，长0.6~1.5cm，宽2~5mm，基部楔形，无毛或幼时被柔毛。聚伞花序长1~3cm，疏被柔毛。萼片绿色；花瓣黄绿或近白色，长圆形，长2~3mm。果椭圆形或近球形，长6~8mm，熟时暗红色，果汁暗蓝紫色，味甜微咸；果核卵形，先端尖，长4~5mm。花期5—6月，果期7—8月。

**生境：** 生于轻度盐渍化低地、湖盆边缘沙地、沿海盐渍化沙地。在荒漠草原及荒漠地带、株丛下常形成小沙堆，可成为优势种并形成群落。常见于低地草甸类等草地。

**害处：** 枝有害，降低羊毛品质。

## 蒺藜科 Zygophyllaceae

**蒺藜** *Tribulus terrestris* L.

植物形态特征和生境及图片见127页。

**害处：** 果实有害，降低羊毛品质。

## 旋花科 Convolvulaeae

**灌木旋花** *Convolvulus fruticosus* Pall.

**形态特征：** 小灌木，高40~50cm。具多数成直角开展而密集的分枝，枝条上具单一的短而坚硬的刺；分枝、小枝和叶均密被贴生绢状毛；稀在叶上被多少张开的疏柔毛；叶几无柄；倒披针形至线形，稀长圆状倒卵形，先端锐尖或钝，基部渐钝。花单生于短的侧枝上，通常在末端具2个小刺，花梗长（1）2~6mm；萼片近等大，宽卵形、卵形、椭圆形或椭圆状长圆形，长6~10mm；密被贴生或多少张开的毛；花冠狭漏斗形，长（15）17~26mm，外面疏被毛；雄蕊5，稍不等长，短于花冠，花丝丝状，花药箭形；子房被毛，花柱丝状，2裂，柱头2，线形。蒴果卵形，长5~7mm。花期4—7月。

**生境：** 生于荒漠前山带。常见于温性荒漠类等草地。

**害处：** 刺有害，降低羊毛品质。

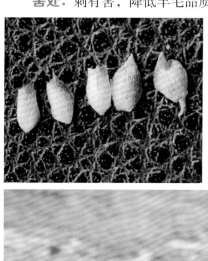

**刺旋花** *Convolvulus tragacanthoides* Turcz.

**形态特征：** 小半灌木，高5~15cm，全株被有银灰色绢毛。茎分枝多而密集，整株呈具刺的坐垫状。叶互生，狭倒披针状，条形，先端钝圆，基部渐狭，无柄。花单生或2~3朵生于花枝上部；萼片5，卵圆形，先端尖，外面被黄棕色毛；花冠漏斗状，粉红色，顶端5浅裂，瓣中密生毛。蒴果近球形，有毛。花期5—7月。

**生境：** 生于天山北坡前山带砾石山坡。常见于温性荒漠类、温性草原化荒漠类、温性荒漠草原类等草地。

**害处：** 刺有害，损伤动物皮肤。

**草原勿忘草** *Myosotis suaveolens* W. et K.

**形态特征：** 多年生草本，高15~40cm。全株紧密丛生。茎多分枝，直立，强壮，稍有棱，被有开展或半伏生的糙硬毛。叶质硬而稍厚，披针形或倒披针形，通常向上贴茎生长。花序长达10cm，果期伸长，被镰状糙伏毛；花萼果期不脱落，具钩状开展毛，5深裂，裂片披针形，花冠天蓝色，裂片5，卵圆形，旋转状排列；喉部淡黄色，有5个附属物；雄蕊5，内藏，生于花冠筒上；子房4裂，花柱长约1mm，柱头球状。小坚果卵形。花果期6—7月。

**生境：** 生于山地草甸草原，林缘及灌丛。常见于温性草甸草原类、山地草甸类等草地。

**害处：** 果实有害，降低乳、肉品质量。

**白花鹤虱** *Lappula macra* M. Pop. ex N. Pavl.

**形态特征：** 二年生草本。茎高17cm，全植被半直立的白色糙伏毛，中下部分枝。基生叶果期枯萎，茎生叶披针形，长1.5~1.8cm，宽3~4mm。果枝细长，疏生果实；苞片宽披针形，长4~7mm，宽2~3mm，顶端钝尖；花萼条形，长2~2.5mm，宽0.2mm，比果实长，向上直立；花冠白色，钟状，小，花冠直径0.5mm，筒部长1mm。小坚果4，三角状卵形，长2mm，背盘边缘有1行锚状刺，刺长0.5~1mm；雌蕊基锥形，宿存花柱藏于小坚果之间，短于小坚果。果柄短，长0.5~1mm。花果期4—5月。

**生境：** 生于荒地。常见于温性荒漠类、温性草原化荒漠类等草地。

**害处：** 果实有害，降低羊毛品质。

**细刺鹤虱** *Lappula tenuis* (Ledeb.) Gurke

**形态特征：** 一年生草本。茎细弱，高17~20cm，上半部具分枝，分枝斜生，被灰绿色的开展或贴生的糙毛。叶线形或线状披针形，长1.5~3cm，宽2~4mm，扁平而向上直立，先端钝或略尖，上面绿色，疏生糙伏毛，下面毛较密。花序较短，果期伸长，长4~6cm；苞片线形，比果实稍长；果梗短而直立，长1~1.5mm；花萼5深裂，裂片线形，长约2.5mm，果期长达4mm，呈星状开展；花冠淡蓝色，长约3.5mm，钟状，檐部直径2.5~3mm，裂片长圆形，长约1mm。果实长约2.5mm；小坚果宽卵形，背面卵形，无龙骨突起，平滑或具粒状突起，边缘具1行短而细的锚状刺，刺长0.6~1mm，每侧4~7个刺，基部相互远离，小坚果腹面具粒状突起或平滑；雌蕊基略高出小坚果。花果期6—7月。

**生境：** 生于山地草甸、亚高山草甸。常见于温性草甸草原类、山地草甸类等草地。

**害处：** 果实有害，降低羊毛品质。

**卵盘鹤虱** *Lappula redowskii* (Hornem.) Greene

**形态特征：**一年生草本。茎高达60cm，直立，通常单生，中部以上多分枝，密被灰色糙毛。茎生叶较密，线形或狭披针形，扁平或沿中肋纵向对褶，直立，先端钝，两面有具基盘的长硬毛，但上面毛较稀疏。花序生于茎或小枝顶端，果期伸长；苞片下部者叶状，上部者渐小，呈线形，比果实稍长；花梗直立，花后稍伸长，上部者较短；花萼5深裂，裂片线形，果期增大，星状开展；花冠蓝紫色至淡蓝色，钟状，较花萼稍长，筒部短，长约1mm，檐部直径约3mm，裂片长圆形，喉部缢缩，附属物生花冠筒中部以上。果实宽卵形或近球状，长约3mm；小坚果宽卵形，长2.5~3mm，具颗粒状突起，边缘具1行锚状刺，刺长1~1.5mm，平展，基部略增宽相互邻接或离生，小坚果腹面常具皱褶；花柱短，长仅0.5mm，隐藏于小坚果间。花果期5—8月。

**生境：**生于山地草甸、针叶林阳坡、河谷。常见于温性草甸草原类、山地草甸类等草地。

**害处：**果实有害，降低羊毛品质。

### 糙草 *Asperugo procumbens* L.

**形态特征：** 一年生蔓生草本。茎细弱，攀缘，沿棱有短刺倒钩刺，通常有分枝。花通常单生叶腋，具短花梗；花萼长约1.6mm，5裂至中部稍下，有短糙毛，裂片线状披针形，稍不等大，花后增大，左右压扁，略呈蚌壳状，边缘具不整齐锯齿；花冠蓝色，喉部附属物疣状。小坚果狭卵形，灰褐色。花期4—5月，果期5—6月。

**生境：** 生于新疆各山区的山地草原、草甸、林缘、河谷及平原绿洲，为广布种。常见于温性草原类、温性草甸草原类、山地草甸类等草地。

**害处：** 果实有害，降低羊毛品质。

## 茄科 Solanaceae

### 黑果枸杞 *Lycium ruthenicum* Murray

**形态特征：** 多刺灌木，高20~150cm。多分枝，枝条坚硬，常呈"之"字形弯曲，白色。叶2~6片簇生于短枝上，肉质，无柄，条状披针形或圆棒状，先端钝圆。花1~2朵生于棘刺基部两侧的短枝上，花冠漏斗状，浅紫色。浆果球形，成熟后紫黑色。种子肾形，褐色。花果期5—10月。

**生境：** 生于盐碱地、盐化沙地等。常见于低地草甸类草地。

**害处：** 刺有害，降低羊毛品质。

### 宁夏枸杞 *Lycium barbarum* L.

**形态特征：** 灌木，高0.6~2（3）m。茎较粗，分枝较密，有生叶与花的长棘刺和不生叶的短棘刺。单叶互生或簇生，披针形或矩圆状披针形，全缘。花腋生；花萼钟状，通常2裂；花冠漏斗状，淡紫红色，先端5裂。浆果形状及大小多变化，通常宽椭圆形，红色。种子近肾形，长约2mm。花果期5—10月。

**生境：** 生于干山坡、河岸、渠边和盐碱地。常见于低地草甸类等草地。

**害处：** 刺有害，降低羊毛品质。

**苍耳** *Xanthium strumarium* Patrin. ex Widder

植物形态特征和生境及图片见160页。

**害处：**果实有害，降低羊毛品质。

**刺苍耳** *Xanthium spinosum* L.

植物形态特征和生境及图片见160页。

**害处：**果实有害，降低羊毛品质。

**意大利苍耳** *Xanthium strumarium* subsp. *italicum* (Moretti) D.Löve

植物形态特征和生境及图片见161页。

**害处：**果实有害，降低羊毛品质。

**北艾** *Artemisia vulgaris* L.

植物形态特征和生境及图片见163页。

**害处：**全草有害，降低乳、肉品质量。

**牛蒡** *Arctium lappa* L.

植物形态特征和生境及图片见168页。

**害处：**果实有害，降低羊毛品质。

**毛头牛蒡** *Arctium tomentosum* Mill.

植物形态特征和生境及图片见168页。

**害处：**果实有害，降低羊毛品质。

**薄叶翅膜菊** *Alfredia acantholepis* Kar. et Kir.

**形态特征：**多年生草本，高40~120cm；茎单一，直立，粗壮，有棱槽，通常紫红色，被伏贴曲折的白色长毛。叶草质，上面绿色，被稀疏的白色长毛和短毛，下面灰白色密被白色绒毛，沿缘具缘毛状针刺；基生叶和茎下部叶大头羽状深裂，向下渐狭成带缘毛状刺翅的柄，柄的基部扩大成鞘状，顶裂片大；茎中部叶基部增大半抱茎。头状花序单1或2~3生于茎和枝端；全部总苞片顶端有针刺；小花黄色。瘦果倒长卵形；冠毛多层，淡黄褐色。花果期7—9月。

**生境：**生于山地草原、草甸、云杉林下和林缘及阴湿处。常见于温性草原类、温性草甸草原类、山地草甸类等草地。

**害处：**刺有害，降低羊毛品质。

## 莲座蓟 *Cirsium esculentum* (Sievers) C. A. Mey.

**形态特征：**多年生草本，无茎或有短缩茎。基生叶丛生呈莲座状，倒披针形或长椭圆形或椭圆形，羽状浅裂或深裂。头状花序5~12个在莲座状叶丛中，集生于短缩茎的顶端；总苞片约6层，覆瓦状排列；小花紫色或紫红色。瘦果长椭圆形，淡黄色或褐色；冠毛多层，白色或污白色，或其下部呈淡褐色或黄色，刚毛长羽状，与花冠近等长。花果期7—9月。

**生境：**生于河漫滩、沼泽地、沟渠边、山间谷地、山坡潮湿地等。常见于沼泽类、温性草甸草原类、山地草甸类草地。

**害处：**刺有害，降低羊毛品质。

**准噶尔蓟** *Cirsium alatum* (S. G. Gmel.) Bobr.

**形态特征：** 多年生草本，有纺锤状块根。茎直立，单生，仅上部有分枝，高30~100cm。基生叶长椭圆形，长达30cm，宽达4cm；边缘有锯齿；中下部茎叶与基生叶同形，但渐小，上部茎叶椭圆形或披针形，边缘有锯齿，全部茎叶基部下延成茎翼，茎裂片边缘或齿缘有细长针刺，针刺长达0.5mm；全部叶两面绿色，无毛。头状花序单生茎顶或多数头状花序在茎枝顶端排成伞房花序；总苞卵圆形，直径1.5cm；总苞片约6层，覆瓦状排列，由外层向内层长卵形至线状披针形，无毛，中外层顶端急尖成短针刺；小花红紫色，花冠长18~19mm，细管部长7~8mm，檐部长11mm，不等5裂至中部。瘦果楔状，长3mm，宽1mm，淡黄色。冠毛多层，基部连合成环，整体脱落；冠毛刚毛长羽毛状，白色。花果期7—8月。

**生境：** 生于山前平原盐渍化草甸、河湖边草滩和草地、蒿属荒漠及农田中。常见于温性草原化荒漠类、温性草原类等草地。

**害处：** 刺有害，降低羊毛品质。

**赛里木蓟** *Cirsium sairamense* (C. Winkl.) O. et B. Fedtsch.

**形态特征：**多年生草本，高20~60cm。茎直立，从近基部或中部分枝，被蛛丝状柔毛和多细胞长节毛。叶上面灰绿色，被稀疏的多细胞长节毛，下面近灰白色，被较密集的蛛丝状柔毛；叶脉黄白色，稍突起，羽状半裂或深裂，沿缘有3~5个大小不等的三角形刺齿和少数缘毛状针刺，齿端针刺长1~2cm，缘毛状针刺较短；基生叶和茎下部叶长圆形或披针形，长达头状花序基部或超出花序；向上叶渐小，全部茎生叶基部耳状增大半抱茎。头状花序单1或3个生于茎枝顶端，排列成伞房圆锥状；总苞卵球形；总苞片7~8层，覆瓦状排列，外层苞片顶端具针刺，内层总苞片线状披针形或线形，先端膜质渐尖；小花淡粉红色或淡紫红色，稀白色，花冠长2.2~2.4cm，细管部长9~11mm，檐部长于细管部分，并5裂至中部。瘦果长达5mm，淡褐色；冠毛多层，污白色，刚毛长羽状，长1.5~1.8cm。花果期7—9月。

**生境：**生于山地草甸、山谷、山坡、水边和路旁。常见于温性草原类、温性草甸草原类、山地草甸类等草地。

**害处：**刺有害，降低羊毛品质。

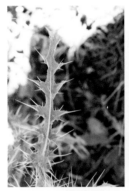

**丝路蓟** *Cirsium arvense* (L.) Scop.

**形态特征：** 多年生草本。茎直立，高30~160cm，上部分枝。下部茎生叶长达17cm，两面绿色，下面有极稀疏蛛丝毛，羽状浅裂或半裂。侧裂片偏斜三角形或偏斜半椭圆形，边缘通常有2~3个刺齿，齿顶有针刺，针刺长达5mm，齿缘针刺较短；中部及上部茎叶渐小，与下部茎叶同形或长椭圆形并等样分裂，无柄至基部扩大半抱茎。全部叶两面同色，绿色或下面色淡，两面无毛或有时下面有极稀疏的蛛丝毛。头状花序排成圆锥状伞房花序，总苞片约5层。花冠红紫色或很少白色。瘦果淡黄，3~4.5mm。冠毛污白色，多层，基部连合成环，整体脱落；冠毛刚毛长羽毛状。花果期6—9月。

**生境：** 生于山地林缘、林间空地、河谷、水边、平原荒地、田间、路旁。常见于温性草原类、温性草甸草原类、山地草甸类等草地。

**害处：** 刺有害，降低羊毛品质。

**飞廉** *Carduus nutans* L.

**形态特征：** 二年生或多年生草本，高10~100cm。茎常少数丛生，被稀疏的蛛丝状柔毛和多细胞长节毛，具连续不间断的翅，齿的顶端和边缘有黄白色或褐色的针刺。叶两面绿色，沿脉被多细胞长节毛，茎生叶无柄，基部沿茎下延成翅，羽状半裂或深裂，沿缘具黄白色或褐色针刺，茎上部叶渐小。头状花序俯垂或下倾，单生于茎枝顶端；总苞钟状或宽钟状，多层，无毛或被稀疏的蛛丝状柔毛，向顶端伸出成针刺；小花紫红色、粉红色或白色。瘦果楔形，稍压扁；冠毛多层，白色。花果期6—9月。

**生境：** 生于山地林缘、草甸、砾石山坡、山谷水边、田边等。常见于温性荒漠草原类、温性草原类、温性草甸草原类、山地草甸类等草地。

**害处：** 刺有害，降低羊毛品质。

**丝毛飞廉** *Carduus crispus* L.

**形态特征：**二年生草本，主根直或偏斜。茎直立，高 70~100cm，具条棱，有绿色翅，翅有齿刺。下部叶椭圆状披针形，长5~20cm，羽状深裂，裂片边缘具刺，长 3~10mm，上面绿色具微毛或

无毛，下面初时有蛛丝状毛，后渐变无毛；上部叶渐小。头状花序2~3个，生枝端，直径1.5~2.5cm；总苞钟状，长约2cm，宽1.5~3cm；总苞片多层，外层较内层逐渐变短，中层条状披针形，顶端长尖，成刺状，向外反曲，内层条形，膜质，稍带紫色；花筒状，紫红色。瘦果长椭圆形，顶端平截，基部收缩；冠毛白色或灰白色，刺毛状，稍粗糙。花果期7—8月。

**生境：**生于山坡草地、山地灌丛、荒漠河岸边、固定和半固定沙丘，及绿洲的田间、路旁。常见于温性荒漠类、温性草原化荒漠类、温性荒漠草原类、温性草原类等草地。

**害处：**刺有害，降低羊毛品质。

## 禾本科 Gramineae

### 三芒草 *Aristida adscensionis* L.

**形态特征：** 一年生草本。秆光滑，直立或斜倾，常膝曲，高10~40cm。叶鞘光滑；叶舌短小，膜质；叶片纵卷如针状。圆锥花序长10~20cm，分枝单生，细弱；小穗灰绿色或带紫色，颖膜质，具1脉，脊上粗糙；外稃长，中脉被微小刺毛，芒粗糙而无毛，主芒长1~2cm，侧芒稍短，基盘尖；内稃透明膜质，微小，为外稃所包裹。花果期6—9月。

**生境：** 生于平原和山地荒漠及荒漠草原中的沙漠、沙地或沙壤土上。常见于温性荒漠类、温性草原化荒漠类等草地。

**害处：** 果实有害，降低羊毛品质。

### 新疆针茅 *Stipa sareptana* Beck.

**形态特征：** 多年生草本。秆直立丛生，高30~80cm，被细刺毛。叶鞘外面具细刺毛，短于节间；基生叶舌顶端钝；叶片纵卷如针状，下面粗糙并被细刺毛，基生叶长为秆高的1/2。圆锥花序基部为顶生叶鞘所包裹；小穗草黄色；颖披针形，顶端具细丝状尾尖；第一颖具3脉，第二颖具5脉；外稃长9~11mm，背部具贴生成纵行的短毛达稃体的3/4，芒二回膝曲扭转，第一芒柱长约2.5cm，第二芒柱长1~1.5cm，芒针长10~15cm；内稃与外稃近等长，具2脉。颖果圆柱形，黑褐色。花果期6—8月。

**生境：** 生于草原带。常见于温性草原类、温性草甸草原类等草地。

**害处：** 果实有害，降低羊毛品质。

**沙生针茅** *Stipa caucasica* subsp. *glareosa* (P. A. Smirnov) Tzvelev

**形态特征：** 秆高15~50cm，1~2节。叶鞘具短柔毛或粗糙，基生与秆生叶舌长约1mm，钝圆，边缘具纤毛；叶片纵卷如针，上面被短毛，下面密生刺毛，秆生叶长2~4cm，基生叶长达20cm。圆锥花序常包于顶生叶鞘内；分枝短，具1小穗；颖尖披针形，近等长，长2~3.5cm，先端细丝状尾尖，3~5脉；外稃长0.7~1cm，背部具成纵行毛，先端关节生一圈短毛，基盘长约2mm，密被柔毛，芒一回膝曲、扭转，芒柱长约1.5cm，具长约2mm羽状毛，芒针长3~5.5cm，常弧曲，具长约4mm羽状毛；内稃与外稃近等长，1脉，背部略具柔毛。花果期5—10月。

**生境：** 生于新疆各大山系的山地和山前平原，是组成荒漠草原的建群种或共建种。常见于温性荒漠类、温性草原化荒漠类、温性荒漠草原类等草地。

**害处：** 果实有害，降低羊毛品质。

**镰芒针茅** *Stipa caucasica* Schmalh.

**形态特征：** 多年生草本。秆直立丛生，高20~50cm，基部宿存灰褐色枯萎叶鞘。叶片纵卷如针状。圆锥花序狭窄，常被顶生叶鞘所包；颖披针形，顶端具细丝状尾尖，第一颖具3脉，第二颖具5脉；外稃长10~13mm，背部具贴生成纵行的短毛，基盘尖锐，密生柔毛，芒一回膝曲、扭转，长8~13（15）cm，芒柱具长约1mm的柔毛，芒针呈手镰状弯曲，具羽状毛，从上向下，从外圈向内圈渐变短。花果期5—8月。

**生境：** 生于草原和荒漠草原，是组成荒漠草原的建群种。常见于温性草原化荒漠类、温性荒漠草原类等草地。

**害处：** 果实有害，降低羊毛品质。

**东方针茅** *Stipa orientalis* Trin.

**形态特征：** 秆丛生，高15~35cm，2~3节，节常紫色，其下具细毛。叶鞘粗糙，具细刺毛，叶舌披针形，长2~4mm，边缘具纤毛；叶片纵卷似线，上面被细毛，下面粗糙，基生叶长为杆高1/2~2/3。圆锥花序紧缩，常为顶生叶鞘所包，长4~8cm。颖等长或第一颖稍长，长1.8~2cm，基部浅褐色，上部白膜质，渐尖，3脉。外稃长7~8mm，先端生一圈毛，背部具纵行毛，基盘长约2mm，密被柔毛，芒二回膝曲（稀不明显），扭转，第一芒柱长0.8~1.2cm，第二芒柱长5~8mm，均具长1~2mm羽状毛，芒针弯曲，长3~4cm，具长3~4mm羽状毛；内稃与外稃等长，2脉。颖果长圆柱形，长约4mm。花果期5—8月。

**生境：** 生于山地草原带，是组成山地草原的优势种。常见于温性草原类等草地。

**害处：** 果实有害，降低羊毛品质。

**长羽针茅** *Stipa kirghisorum* P. Smirn.

**形态特征：** 多年生草本，须根坚韧。秆直立，丛生，高35~60cm，具3节，基部宿存少量略有光泽的枯萎叶鞘。叶鞘长于节间，粗糙或具细刺毛；叶舌钝圆，长达4mm，具长1~2mm缘毛；叶片纵卷如针状，粗糙或具细刺毛，基生叶长为秆高的2/3或与秆等长。圆锥花序被顶生叶鞘所包裹，长10~15cm；颖长4~6cm，先端具细丝状尾尖，具3~5脉，两颖近等长；外稃长1.5~1.6cm，背部具贴生成较长纵行的短柔毛，基盘尖锐，长约4mm，密生短毛，芒二回膝曲、扭转，芒柱无羽状毛，第一芒柱长5~6cm，第二芒柱长1~2cm，芒针长12~18cm，具长4~5mm淡黄色的羽状毛；内稃与外稃等长，具2脉；花药黄色，长约5mm。花果期6—8月。

**生境：** 生于山地草原带。常见于温性草原类、温性草甸草原类、山地草甸类等草地。

**害处：** 果实有害，降低羊毛品质。

## 百合科 Liliaceae

*碱韭 Allium polyrhizum* Turcz. ex Regel

**形态特征：** 草本，具根状茎。鳞茎细柱形，簇生；鳞茎外皮黄褐色，纤维质，近网状，紧密或松散。花葶圆柱形，具细纵棱，高7~28cm。叶基生，狭半圆柱形，短于花葶，宽0.5~1mm。总苞2~3裂，宿存；伞形花序近球形，花较多；花梗等于或为花被的3倍长，有或无苞片；花紫色至近白色；花被片6，长3~5mm，内轮的矩圆形至矩圆状卵形，外轮的狭卵形至卵形；花丝等于或长于花被，1/6~1/5合生成短筒状，合生部分约1/2与花被贴生，内轮的基部扩大，两侧各具1齿，稀全缘，外轮的锥形；子房卵形，外壁具细的疣状突起；花柱比子房长。花果期6—8月。

**生境：** 生于平原荒漠中。常见于温性荒漠类、温性草原化荒漠类、温性荒漠草原类等草地。

**害处：** 全草有害，降低乳、肉品质量。

**镰叶韭** *Allium carolinianum* DC.

**形态特征：**多年生草本植物。鳞茎粗壮，基部弯曲或不弯曲，单生或2~3个聚生，卵状或卵状圆柱形；鳞茎外皮褐色，草质，顶端破裂。茎高30~60cm，粗壮，实心。叶宽条形，宽3~17mm，扁平，光滑，常呈镰刀状弯曲或不弯曲，顶端钝，往往短于茎，下部被叶鞘。总苞常带紫色，后期变无色，具短喙，短于伞形花序；伞形花序集成球形；小花梗近等长，略短于或长于花被片2倍，基部无小苞片；花紫红色、淡紫红色或白色，花被片狭短圆形，卵状披针形或披针形，长4.5~8mm，宽1.5~3mm，先端钝，有时可长达1倍，基部合生并与花被片贴生，无齿；子房近球形，腹缝线基部具凹陷的蜜穴，花柱伸出花被外。花果期6—9月。

**生境：**生于砾石质山坡及林下草地中。常见于温性草甸草原类、山地草甸类等草地。

**害处：**全草有害，降低乳、肉品质量。

## 蓝苞葱 *Allium atrosanguineum* Schrenk

**形态特征：** 草本，具根状茎。鳞茎圆柱形，粗5~10mm；鳞茎外皮灰褐色，近纤维质，条裂。花葶圆柱形，高7~30（60）cm，下部具叶鞘。叶2~4，中空的圆柱形，与花葶近等长，粗2~4mm。总苞天蓝色，2裂，宿存；伞形花序球形，多花，密集；花梗长5~10mm，内面的较长，无苞片；花黄色，有光泽，后变红色；花被片6，长8.5~16mm，宽3~4mm，矩圆状披针形至矩圆形，等长或内轮的更短，钝头或短尖；花丝长5.5~8mm，1/3~3/4合生成管状，合生部分的1/2~2/3与花被片贴生，分离部分狭三角形，内轮的基部较宽；子房倒卵形，基部收狭成短柄，具3凹穴；花柱长3.5~7mm，柱头3浅裂。花果期6—9月。

**生境：** 生于山地草原带及林间空地。常见于温性草甸草原类、山地草甸类等草地。

**害处：** 全草有害，降低乳、肉品质量。

## 北葱 *Allium schoenoprasum* L.

**形态特征：** 鳞茎常数枚聚生，卵状圆柱形，径0.5~1cm，外皮灰褐或带黄色，皮纸质，条裂，时顶端纤维状。叶1~2，圆柱状，中空，稍短于花葶，宽26mm。花葶圆柱状，中空，光滑，高达40（60）cm，1/3~1/2被光滑叶鞘；总苞紫红色，2裂，宿存；伞形花序近球状，花多而密集。花梗常不等长，短于花被片，无小苞片；花紫红或淡红色，具光泽；花丝长为花被片1/3~1/2，基部1~1.5mm合生并与花被片贴生；内轮基部三角形；子房近球形，腹缝基部具凹陷小蜜穴，花柱不伸出花被。花果期7—9月。

**生境：** 生于山地草甸带或亚高山草甸带中。常见于温性荒漠类、温性草原化荒漠类、温性荒漠草原类等草地。

**害处：** 全草有害，降低乳、肉品质量。

**棱叶韭** *Allium caeruleum* Pall.

**形态特征：** 草本。鳞茎近球形，粗1~2cm；鳞茎外皮暗灰色，纸质。花葶高25~85cm，约1/3具叶鞘。叶3~5，条形，下面具1纵棱，有时呈三棱形，枯后扭曲比花葶短，宽（1）2~4mm。总苞为花序的1/2~2/3长，渐尖，宿存；伞形花序半球形或球形，多花，密集，罕具珠芽；花梗等长，为花被的2~5倍长，具苞片；花被钟状，蓝色或蓝紫色；花被片6，具1深色的脉，长3~5mm，等长，外轮的矩圆形，内轮的矩圆状披针形，常狭窄钝尖；花丝等于或稍长于花被片，基部三角形向上渐狭成锥形，仅基部合生并与花被贴生，内轮的基部为外轮基部1.5~2倍宽；花柱伸出花被。花果期6—8月。

**生境：** 生于山地草原灌木丛中。常见于温性草原类、温性草甸草原类等草地。

**害处：** 全草有害，降低乳、肉品质量。

第四章

有毒有害植物防控

# 第一节 有毒植物防控

博乐市有毒植物种类虽然较多,大部分有毒植物并不能对家畜造成实质性伤害,需要防控的很少,可根据实际情况进行防控。

## 一、化学防除法

化学防除法就是用化学药剂对毒草进行防治的方法,也是当前消灭有毒植物最好的方法。可以根据控制地点、面积和毒草种类、密度,选取适当的除草剂,购置智能机器人和无人喷药机、小型喷雾器等设备设施,依据地形选用人工或机械实施点喷作业进行防治。如骆驼蓬、乌头属、橐吾属、马先蒿属有毒植物等可以利用迈士通、草甘膦等进行防控。

## 二、物理防除法

物理防除法就是组织人员对有毒植物采用人工铲除、刈割、深耕轮作等物理方法对有毒植物进行防控。此方法对草原起到保护作用,但存在防除效率低、消耗大量人力、物力的缺点。

## 三、生态防治法

生态防治法:一是对于温性草甸草原、山地草甸可以采用生态禁牧封育的方法进行防控。由于禾本科植物特别是根茎型禾草具有极强的侵占性,一般禁牧3~5年,有毒植物就会大量减少,防治效果明显,博乐市大叶橐吾、千里光等有毒植物通过禁牧在群落中的分布已经很少了。二是采用划区轮牧、季节性休牧、降低放牧强度等综合方法可以有效减少有毒植物的蔓延。三是选用合适的牧草品种对草场进行补播改良等能起到生态防治有毒植物的作用。

# 第二节 有害植物防控

由于博乐市有害植物只是对某些动物来说有害,且大部分有害植物对生态环境保护具有重要的意义,因此,只需通过调整利用方式就能得到良好的效果。

# 第三节 防控策略建议

博乐市草地已出现不同程度的退化,相关部门非常重视草地植物的保护与应用,因此,在综合考虑生态和生产的基础上,进行科学防控,是有毒有害植物防控的基本原则。

## 一、科学评估有毒有害植物危害

应对有毒有害植物给生态和生产带来的危害进行综合评估,决定是否进行防除。对于外来有毒有害植物应坚决进行防除,避免入侵有毒有害植物给当地生态环境和生产带来危害。对于本地有毒有害植物应根据生态和生产相结合的原则进行防控,如无叶假木贼是博乐市温性荒漠类草场重要的水土保持植物,不能因生产需要对其进行防治;而部分温性荒漠类草场(一年生草地型)滋生了大量的骆驼蓬，在未找到科学的防控与恢复措施时，不应进行防控。

## 二、重点做好有毒有害植物防控与生态修复科学研究

在需要对某种有毒有害植物防控前，应先在该区域进行相关的生态修复措施研究，待修复技术条件成熟后，才能开展防控。防控后，应及时采用可行的生态修复措施（补播、围栏封育等）进行修复。目前，博乐市已经开展了此类研究，已取得了初步成效，待大面积修复成功后，即可进行有毒有害植物防控和生态修复。

## 三、降低有毒有害植物危害

在防控有毒有害植物时，应根据其生物学特性、生长特点等进行防控。尽量减少化学防除，通过适时刈割、防止有毒有害植物通过种子繁殖等综合的生态防治之路，保护草地生态环境。

# 第五章

## 有毒有害植物综合利用

# 第一节　有毒植物合理利用

## 一、放牧畜种或放牧季节调整

有些有毒植物对不同动物的危害程度不同，可以根据毒性差异调整放牧动物品种，达到合理利用的目的。有些有毒植物只是季节性有毒，避开有毒季节利用即可。

## 二、药用开发

大部分有毒植物均可以作为药材进行开发利用。如乌头属植物中的乌头碱可作为良好的抗癌药、镇静药，现已处于临床试验阶段；在新疆维吾尔医药中，骆驼蓬已经作为商品化的抗肿瘤药物进行临床治疗。根据博乐市毒草现状及其药用研究，可将马先蒿属植物、白头翁属植物、乌头属植物、骆驼蓬等博乐市天然草地分布较为广泛的几种毒草，通过提取分离有效药用成分，开发其药用价值。

## 三、花卉、绿篱等开发

阿尔泰金莲花、天山银莲花、高山紫菀、秦艽、伊犁郁金香、垂蕾郁金香等有毒植物的花非常艳丽，可以进行引种栽培，用于园林绿化。多种蔷薇、小檗等灌木可以用作绿篱和观花观果植物进行培育，发挥其作用。

## 四、旅游发展

博乐市草地有多种乌头属、毛茛属、龙胆属、马先蒿属、白头翁属植物以及零星点缀的其他有毒植物，在盛花期花色鲜艳、风景宜人可作为当地观赏植物，发展旅游业，但并非在所有毒害草生长区同时发展旅游业，要有针对性、区域性地开展观赏，例如在重要水源地和保护区可大力开展花季有毒植物观赏旅游，可以达到保护生态的同时提高经济效益的双重目的；但在严重荒漠化和退化区，则应以保护生态为主；在牧区，针对危害较大的毒害草应当尽量采取化学及人工防除措施，以保护畜牧业经济、农牧民收入为主。

## 五、农药开发

有些有毒植物如无叶假木贼、白喉乌头等可以提取其有毒成分，制作杀虫剂，变害为宝。

# 第二节　有害植物合理利用

由于有害植物本身不含有毒物质，只是会导致一些畜种的畜产品品质降低，因此，一是对灌木较多的地方，可以通过合理配置大畜而不是绵羊来降低危害。二是可以通过改变放牧时间降低危害，如在针茅未结果之前放牧绵羊，不仅可以采食针茅获得良好的食物，而且可以避免针茅的种子对羊毛的危害。

# 第三节　综合利用建议

## 一、加强监测

应强化各草地类型的持续性监测，记录有毒有害植物的种类、面积、优势度、多样性等情况，从而分析整个草地种群、群落的发生和发展，制定合理的应对方案。

## 二、严格控制牲畜数量

根据天然草地的承载能力，确定合理的放牧强度，通过减少家畜数量、大畜换小畜，采用合理利用方式、划区轮牧制度等措施，为草地优良牧草创造良好的生长发育条件，抑制有毒有害植物的生长；探索以物理、化学防除和生物防治相结合的关键技术，摸索出一套适宜草地的生态和绿色生产功能恢复的综合防治技术体系。

## 三、变有毒有害植物为宝

应转变思维，树立"变害为利，变废为宝"思想，加大有毒有害植物投资研究利用力度。采用科学技术，把有毒有害植物变成为医药、农药、饲料等的特色原料，或作为旅游资源加以开发，充分发挥和利用其有利的一面。

# 附　录

## 附录1　博乐市有毒植物名录

| 序号 | 科名 | 属名 | 种名 |
|------|------|------|------|
| 一 | | | 木贼科 Equisetaceae |
| | （一） | 木贼属 *Equisetum* L. | |
| | | 1 | 问荆 *Equisetum arvense* L. |
| | | 2 | 木贼 *Equisetum hyemale* L. |
| | | 3 | 节节草 *Equisetum ramosissimum* Desf. |
| 二 | | | 麻黄科 Ephedraceae |
| | （二） | 麻黄属 *Ephedra* L. | |
| | | 4 | 膜果麻黄 *Ephedra przewalskii* Stapf |
| | | 5 | 喀什麻黄 *Ephedra przewalskii* var. *kaschgarica* (Fedtsch. et Bobr.) C. Y. Cheng |
| | | 6 | 中麻黄 *Ephedra intermedia* Schrenk ex Mey. |
| | | 7 | 细子麻黄 *Ephedra regeliana* Florin |
| | | 8 | 木贼麻黄 *Ephedra equisetina* Bunge |
| | | 9 | 单子麻黄 *Ephedra monosperma* Gmel. ex Mey. |
| 三 | | | 大麻科 Cannabaceae |
| | （三） | 大麻属 *Cannabis* L. | |
| | | 10 | 大麻 *Cannabis sativa* L. |
| 四 | | | 荨麻科 Urticaceae |
| | （四） | 荨麻属 *Urtica* L. | |
| | | 11 | 焮麻 *Urtica cannabina* L. |
| | | 12 | 异株荨麻 *Urtica dioica* L. |
| 五 | | | 蓼科 Polygonaceae |
| | （五） | 大黄属 *Rheum* L. | |
| | | 13 | 密序大黄（密穗大黄）*Rheum compactum* L. |
| | （六） | 酸模属 *Kumex* L. | |
| | | 14 | 酸模 *Rumex acetosa* L. |
| | | 15 | 长根酸模 *Rumex thyrsiflorus* Fingerh. |
| | | 16 | 窄叶酸模 *Rumex stenophyllus* Ledeb. |
| | | 17 | 皱叶酸模 *Rumex crispus* L. |
| | （七） | 蓼属 *Polygonum* L. | |

（续表）

| 序号 | 科名 | 属名 | 种名 |
|---|---|---|---|
| | | 18 | 卷茎蓼（蔓蓼）*Polygonum convolvulus* L. |
| | | 19 | 萹蓄 *Polygonum aviculare* L. |
| | | 20 | 酸模叶蓼 *Polygonum lapathifolium* L. |
| | | 21 | 水蓼（辣蓼）*Polygonum hydropiper* L. |
| 六 | | | 藜科 Chenopodiaceae |
| | （八） | | 盐角草属 *Salicornia* L. |
| | | 22 | 盐角草 *Salicornia europaea* L. |
| | （九） | | 滨藜属 *Atriplex* L. |
| | | 23 | 滨藜 *Atriplex patens* (Litv.) Iljin |
| | （十） | | 藜属 *Chenogodium* L. |
| | | 24 | 香藜 *Dysphania botrys* (L.) Mosyakin & Clemants |
| | | 25 | 藜 *Chenopodium album* L. |
| | （十一） | | 假木贼属 *Anabasis* L. |
| | | 26 | 短叶假木贼 *Anabasis brevifolia* C. A. Mey. |
| | | 27 | 无叶假木贼 *Anabasis aphylla* L. |
| | | 28 | 盐生假木贼 *Anabasis salsa* (C. A. Mey.) Benth. ex Volkens |
| | | 29 | 白垩假木贼 *Anabasis cretacea* Pall. |
| | | 30 | 展枝假木贼 *Anabasis truncata* (Schrenk) Bunge |
| | | 31 | 毛足假木贼 *Anabasis eriopoda* (Schrenk) Benth. ex Volkens |
| | （十二） | | 盐生草属 *Halogeton* C. A. Mey. |
| | | 32 | 盐生草 *Halogeton glomeratus* (Bieb.) C. A. Mey. |
| 七 | | | 苋科 Amaranthaceae |
| | （十三） | | 苋属 *Amaranthus* L. |
| | | 33 | 反枝苋 *Amaranthus retroflexus* L. |
| 八 | | | 石竹科 Caryophyllaceae |
| | （十四） | | 繁缕属 *Stellaria* L. |
| | | 34 | 繁缕 *Stellaria media* (L.) Villars |
| | | 35 | 厚叶繁缕（叶苞繁缕）*Stellaria crassifolia* Ehrh. |
| | （十五） | | 王不留行属 *Vaccaria* N. M. Wolf |
| | | 36 | 王不留行（麦蓝菜）*Vaccaria hispanica* (Miller) Rauschert |
| | （十六） | | 石竹属 *Dianthus* L. |
| | | 37 | 高石竹 *Dianthus elatus* Ledeb. |

（续表）

| 序号 | 科名 | 属名 | 种名 |
|---|---|---|---|
| | | | 38 | 准噶尔石竹 *Dianthus soongoricus* Schischk. |
| | | | 39 | 瞿麦 *Dianthus superbus* L. |
| 九 | | | 毛茛科 Ranunculaceae |
| | | （十七）金莲花属 *Trollius* L. | |
| | | 40 | 阿尔泰金莲花 *Trollius altaicus* C. A. Mey. |
| | | （十八）乌头属 *Aconitum* L. | |
| | | 41 | 白喉乌头 *Aconitum leucostomum* Worosch. |
| | | 42 | 圆叶乌头 *Aconitum rotundifolium* Kar. et Kir. |
| | | 43 | 多根乌头 *Aconitum karakolicum* Rapaics |
| | | 44 | 林地乌头 *Aconitum nemorum* Popov |
| | | 45 | 拟黄花乌头 *Aconitum anthoroideum* DC. |
| | | （十九）翠雀属 *Delphinium* L. | |
| | | 46 | 伊犁翠雀花 *Delphinium iliense* Hunth |
| | | 47 | 船苞翠雀花 *Delphinium naviculare* W. T. Wang |
| | | 48 | 天山翠雀花 *Delphinium tianshanicum* W. T. Wang |
| | | （二十）扁果草属 *Isopyrum* L. | |
| | | 49 | 扁果草 *Isopyrum anemonoides* Kar. et Kir. |
| | | （二十一）唐松草属 *Thalictrum* L. | |
| | | 50 | 高山唐松草 *Thalictrum alpinum* L. |
| | | 51 | 腺毛唐松草 *Thalictrum foetidum* L. |
| | | 52 | 亚欧唐松草 *Thalictrum minus* L. |
| | | 53 | 箭头唐松草 *Thalictrum simplex* L. |
| | | 54 | 黄唐松草 *Thalictrum flavum* L. |
| | | （二十二）银莲花属 *Anemone* L. | |
| | | 55 | 天山银莲花（伏毛银莲花）<br>*Anemone narcissiflora* subsp. *protracta* (Ulbrich) Ziman & Fedoronczuk |
| | | 56 | 大花银莲花 *Anemone sylvestris* L. |
| | | （二十三）白头翁属 *Pulsatilla* Adans. | |
| | | 57 | 钟萼白头翁 *Pulsatilla campanella* Fisch. ex Regel et Tiling. |
| | | （二十四）铁线莲属 *Clematis* L. | |
| | | 58 | 西伯利亚铁线莲 *Clematis sibirica* Miller |
| | | 59 | 准噶尔铁线莲 *Clematis songorica* Bunge |
| | | 60 | 粉绿铁线莲 *Clematis glauca* Willd. |

| 序号 | 科名 | 属名 | 种名 |
|---|---|---|---|
| 61 | | | 东方铁线莲 *Clematis orientalis* L. |
| | | （二十五）毛茛属 *Ranunculus* L. | |
| 62 | | | 浮毛茛 *Ranunculus natans* C. A. Mey. |
| 63 | | | 单叶毛茛 *Ranunculus monophyllus* Ovcz. |
| 64 | | | 鸟足毛茛 *Ranunculus brotherusii* Freyn |
| 65 | | | 天山毛茛 *Ranunculus popovii* Ovczinnikov |
| 66 | | | 多根毛茛 *Ranunculus polyrhizus* Stephan ex Willdenow |
| 67 | | | 新疆毛茛 *Ranunculus songoricus* Schrenk |
| 68 | | | 毛托毛茛 *Ranunculus trautvetterianus* Rgl. ex Ovcz. |
| 69 | | | 裂叶毛茛 *Ranunculus pedatifidus* Sm. |
| 70 | | | 石龙芮 *Ranunculus sceleratus* L. |
| 71 | | | 毛茛 *Ranunculus japonicus* Thunb. |
| 72 | | | 短喙毛茛 *Ranunculus meyerianus* Rupr. |
| 73 | | | 五裂毛茛 *Ranunculus acer* L. |
| | | （二十六）碱毛茛属 *Halerpestes* Green | |
| 74 | | | 三裂碱毛茛 *Halerpestes tricuspis* (Maxim.) Hand.-Mazz. |
| 75 | | | 水葫芦苗（碱毛茛）*Halerpestes sarmentosa* (Adams) Komarov & Alissova |
| | | （二十七）角果毛茛属 *Ceratocephala* Moench | |
| 76 | | | 角果毛茛 *Ceratocephala testiculata* (Crantz) Roth |
| 十 | | 罂粟科 Papaverceae | |
| | | （二十八）白屈菜属 *Chelidonium* L. | |
| 77 | | | 白屈菜 *Chelidonium majus* L. |
| | | （二十九）海罂粟属 *Glaucium* Mill. | |
| 78 | | | 鳞果海罂粟（新疆海罂粟）*Glaucium squamigerum* Kar. et Kir. |
| 79 | | | 天山海罂粟 *Glaucium elegans* Fisch. et Mey. |
| | | （三十）罂粟属 *Papaver* L. | |
| 80 | | | 野罂粟 *Papaver nudicaule* L. |
| 81 | | | 天山罂粟 *Papaver tianschanicum* M. Pop. |
| | | （三十一）烟堇属 *Fumaria* L. | |
| 82 | | | 烟堇 *Fumaria officinalis* L. |
| 83 | | | 短梗烟堇 *Fumaria vaillantii* Loisel. |

（续表）

| 序号 | 科名 | 属名 | 种名 |
|---|---|---|---|
| 十一 | | | 十字花科 Cruciferae |
| | （三十二）独行菜属 *Lepidium* L. | | |
| 84 | | | 独行菜 *Lepidium apetalum* Willdenow |
| | （三十三）菥蓂属 *Thlaspi* L. | | |
| 85 | | | 菥蓂（遏蓝菜）*Thlaspi arvense* L. |
| | （三十四）糖芥属 *Erysimum* L. | | |
| 86 | | | 小花糖芥 *Erysimum cheiranthoides* L. |
| | （三十五）大蒜芥属 *Sisymbrium* L. | | |
| 87 | | | 新疆大蒜芥 *Sisymbrium loeselii* L. |
| | （三十六）播娘蒿属 *Descurainia* Webb. et Berth. | | |
| 88 | | | 播娘蒿 *Descurainia sophia* (L.) Webb ex Prantl |
| 十二 | | | 蔷薇科 Rosaceae |
| | （三十七）花楸属 *Sorbus* L. | | |
| 89 | | | 天山花楸 *Sorbus tianschanica* Rupr. |
| | （三十八）水杨梅属 *Geum* L. | | |
| 90 | | | 水杨梅（路边青）*Geum chiloense* Balb. ex Ser. |
| | （三十九）地榆属 *Sanguisorba* L. | | |
| 91 | | | 地榆 *Sanguisorba officinalis* L. |
| 十三 | | | 豆科 Leguminosae |
| | （四十）槐属 *Sophora* L. | | |
| 92 | | | 苦豆子 *Sophora alopecuroides* L. |
| | （四十一）野决明属 *Thermopsis* R. Br. | | |
| 93 | | | 高山黄华（高山野决明）*Thermopsis alpina* (Pall.) Ledeb. |
| 94 | | | 披针叶黄华（披针叶野决明）*Thermopsis lanceolata* R. Br. |
| | （四十二）百脉根属 *Lotus* L. | | |
| 95 | | | 新疆百脉根 *Lotus frondosus* (Freyn) Kupr. |
| | （四十三）草木樨属 *Melilotus* Miller | | |
| 96 | | | 白花草木樨 *Melilotus albus* Desr. |
| 97 | | | 草木樨（黄花草木樨）*Melilotus officinalis* (L.) Pall. |
| 98 | | | 细齿草木樨 *Melilotus dentate* (Waldstein & Kitaibel) Persoon |
| | （四十四）胡卢巴属 *Trigonella* L. | | |
| 99 | | | 弯果胡卢巴 *Trigonella arcuata* C. A. Mey. |

（续表）

| 序号 | 科名 | 属名 | 种名 |
|---|---|---|---|
| 100 | | | 直果胡卢巴 *Trigonella orthoceras* Kar. et Kir. |
| | | （四十五）车轴草属 *Trifolium* L. | |
| 101 | | | 白车轴草 *Trifolium repens* L. |
| 102 | | | 红车轴草（红三叶）*Trifolium pratense* L. |
| | | （四十六）苦马豆属 *Sphaerophysa* DC. | |
| 103 | | | 苦马豆 *Sphaerophysa salsula* (Pall.) DC. |
| | | （四十七）锦鸡儿属 *Caragana* Fabr. | |
| 104 | | | 鬼箭锦鸡儿 *Caragana jubata* (Pall.) Poir. |
| | | （四十八）黄耆属 *Astragalus* L. | |
| 105 | | | 大翼黄耆（大翼黄芪）*Astragalus macropterus* DC. |
| | | （四十九）棘豆属 *Oxytropis* DC. | |
| 106 | | | 黄花棘豆 *Oxytropis ochrocephala* Bunge |
| 107 | | | 小花棘豆 *Oxytropis glabra* (Lam.) DC. |
| 108 | | | 黑萼棘豆 *Oxytropis melanocalyx* Bunge |
| | | （五十）野豌豆属 *Vicia* L. | |
| 109 | | | 广布野豌豆 *Vicia cracca* L. |
| 110 | | | 新疆野豌豆 *Vicia costata* Ledeb. |
| 111 | | | 野豌豆 *Vicia sepium* L. |
| | | （五十一）山黧豆属 *Lathyrus* L. | |
| 112 | | | 大托叶山黧豆 *Lathyrus pisiformis* L. |
| 113 | | | 牧地山黧豆（牧地香豌豆、草原香豌豆）*Lathyrus pratensis* L. |
| 十四 | | 骆驼蓬科 Peganaceae | |
| | | （五十二）骆驼蓬属 *Peganum* L. | |
| 114 | | | 骆驼蓬 *Peganum harmala* L. |
| 十五 | | 蒺藜科 Zygophyllaceae | |
| | | （五十三）蒺藜属 *Tribulus* L. | |
| 115 | | | 蒺藜 *Tribulus terrestris* L. |
| | | （五十四）霸王属（驼蹄瓣属）*Zygophyllum* L. | |
| 116 | | | 霸王（驼蹄瓣）*Zygophyllum fabago* L. |
| 117 | | | 大翅霸王（大翅驼蹄瓣）*Zygophyllum macropterum* C. A. Mey. |
| 十六 | | 大戟科 Euphorbiaceae | |
| | | （五十五）大戟属 *Euphorbia* L. | |

（续表）

| 序号 | 科名 | 属名 | 种名 |
|---|---|---|---|
| | | | 118　地锦 *Euphorbia humifusa* Willd. ex Schlecht. |
| | | | 119　长根大戟 *Euphorbia pachyrrhiza* Kar. et Kir. |
| | | | 120　阿拉套大戟 *Euphorbia alatavica* Boiss. |
| | | | 121　乌拉尔大戟 *Euphorbia uralensis* Fisch. ex Link. |
| 十七 | | | 凤仙花科 Balsaminaceae |
| | （五十六）凤仙花属 *Impatiens* L. | | |
| | | | 122　短距凤仙花 *Impatiens brachycentra* Kar. et Kir. |
| 十八 | | | 锦葵科 Malvaceae |
| | （五十七）苘麻属 *Abutilon* Mill. | | |
| | | | 123　苘麻 *Abutilon theophrasti* Medicus |
| 十九 | | | 藤黄科 Guttiferae |
| | （五十八）金丝桃属 *Hypericum* L. | | |
| | | | 124　贯叶连翘 *Hypericum perforatum* L. |
| 二十 | | | 柳叶菜科 Onagraceae |
| | （五十九）柳兰属 *Chamaenerion* Seguie. | | |
| | | | 125　柳兰 *Chamerion angustifolium* (L.) Holub |
| | （六十）柳叶菜属 *Epilobium* L. | | |
| | | | 126　柳叶菜 *Epilobium hirsutum* L. |
| | | | 127　沼生柳叶菜 *Epilobium palustre* L. |
| | | | 128　小柳叶菜 *Epilobium minutiflorum* Hausskn. |
| 二十一 | | | 伞形科 Apiaceae |
| | （六十一）胡萝卜属 *Daucus* L. | | |
| | | | 129　野胡萝卜 *Daucus carota* L. |
| 二十二 | | | 龙胆科 Gentianaceae |
| | （六十二）龙胆属 *Gentiana* (Tourn.) L. | | |
| | | | 130　秦艽 *Gentiana macrophylla* Pall. |
| | | | 131　高山龙胆 *Gentiana algida* Pall. |
| | | | 132　达乌里秦艽 *Gentiana dahurica* Fisch. |
| 二十三 | | | 夹竹桃科 Apocynaceae |
| | （六十三）罗布麻属 *Apocynum* L. | | |
| | | | 133　罗布麻 *Apocynum venetum* L. |
| | | | 134　白麻（大叶白麻）*Apocynum pictum* Schrenk |

（续表）

| 序号 | 科名 | 属名 | 种名 |
|---|---|---|---|
| 二十四 | | | 萝藦科 Asclepiadaceae |
| | （六十四） | 鹅绒藤属 *Cynanchum* L. | |
| | | 135 | 戟叶鹅绒藤 *Cynanchum acutum* subsp. *sibiricum* (Willdenow) K. H. Rechinger |
| | （六十五） | 萝藦属 *Metaplexis* R. Br. | |
| | | 136 | 萝藦 *Metaplexis japonica* (Thunb.) Makino |
| 二十五 | | | 唇形科 Labiatae |
| | （六十六） | 欧夏至草属 *Marrubium* L. | |
| | | 137 | 欧夏至草 *Marrubium vulgare* L. |
| | （六十七） | 糙苏属 *Phlomis* L. | |
| | | 138 | 块根糙苏 *Phlomis tuberosa* L. |
| | （六十八） | 鼬瓣花属 *Galeopsis* L. | |
| | | 139 | 鼬瓣花 *Galeopsis bifida* Boenn. |
| | （六十九） | 野芝麻属 *Lamium* L. | |
| | | 140 | 短柄野芝麻 *Lamium album* L. |
| | （七十） | 益母草属 *Leonurus* L. | |
| | | 141 | 新疆益母草 *Leonurus turkestanicus* V. Krecz. et Rupr. |
| | （七十一） | 百里香属 *Thymus* L. | |
| | | 142 | 异株百里香 *Thymus marschallianus* Willd. |
| | | 143 | 拟百里香 *Thymus proximus* Serg. |
| | （七十二） | 薄荷属 *Mentha* L. | |
| | | 144 | 薄荷 *Mentha canadensis* L. |
| | | 145 | 亚洲薄荷 *Mentha asiatica* Boriss. |
| 二十六 | | | 茄科 Solanaceae |
| | （七十三） | 天仙子属 *Hyoscyamus* L. | |
| | | 146 | 中亚天仙子 *Hyoscyamus pusillus* L. |
| | | 147 | 天仙子 *Hyoscyamus niger* L. |
| | （七十四） | 茄属 *Solanum* L. | |
| | | 148 | 龙葵 *Solanum nigrum* L. |
| | （七十五） | 曼陀罗属 *Datura* L. | |
| | | 149 | 曼陀罗 *Datura stramonium* L. |
| 二十七 | | | 玄参科 Scrophulariaceae |
| | （七十六） | 小米草属 *Euphrasia* L. | |

（续表）

| 序号 | 科名 | 属名 | 种名 |
|---|---|---|---|
| 150 | | | 小米草 *Euphrasia pectinata* Tenore |
| （七十七） | | 马先蒿属 *Pedicularis* L. | |
| 151 | | | 长根马先蒿 *Pedicularis dolichorrhiza* Schrenk |
| 152 | | | 轮叶马先蒿 *Pedicularis verticillata* L. |
| 二十八 | | | 菊科 Compositae |
| （七十八） | | 紫菀属 *Aster* L. | |
| 153 | | | 高山紫菀 *Aster alpines* L. |
| （七十九） | | 旋复花属 *Inula* L. | |
| 154 | | | 总状土木香 *Inula racemosa* Hook.f. |
| （八十） | | 苍耳属 *Xanthium* L. | |
| 155 | | | 苍耳 *Xanthium strumarium* Patrin. ex Widder |
| 156 | | | 刺苍耳 *Xanthium spinosum* L. |
| 157 | | | 意大利苍耳 *Xanthium strumarium* subsp. *italicum* (Moretti) D. Löve |
| （八十一） | | 鬼针草属 *Bidens* L. | |
| 158 | | | 狼把草（鬼针草）*Bidens pilosa* L. |
| （八十二） | | 蓍属 *Achillea* L. | |
| 159 | | | 蓍 *Achillea millefolium* L. |
| （八十三） | | 菊蒿属 *Tanacetum* L. | |
| 160 | | | 菊蒿 *Tanacetum vulgare* L. |
| （八十四） | | 蒿属 *Artemisia* L. | |
| 161 | | | 北艾 *Artemisia vulgaris* L. |
| （八十五） | | 千里光属 *Senecio* L. | |
| 162 | | | 异果千里光 *Senecio jacobaea* L. |
| 163 | | | 林荫千里光 *Senecio nemorensis* L. |
| （八十六） | | 橐吾属 *Ligularia* Cass. | |
| 164 | | | 准噶尔橐吾 *Ligularia songarica* (Fisch.) Ling |
| 165 | | | 山地橐吾（天山橐吾）*Ligularia narynensis* (Winkl.) O. et B. Fedtsch. |
| 166 | | | 大叶橐吾 *Ligularia macrophylla* (Ledeb.) DC. |
| （八十七） | | 牛蒡属 *Arctium* L. | |
| 167 | | | 牛蒡 *Arctium lappa* L. |
| 168 | | | 毛头牛蒡 *Arctium tomentosum* Mill. |

（续表）

| 序号 | 科名 | 属名 | 种名 |
|---|---|---|---|
| 二十九 | | | 水麦冬科 Juncaginaceae |
| | （八十八） | 水麦冬属 *Triglochin* L. | |
| | | 169 | 水麦冬 *Triglochin palustre* L. |
| | | 170 | 海韭菜 *Triglochin maritima* L. |
| 三十 | | | 泽泻科 Alismataceae |
| | （八十九） | 泽泻属 *Alisma* L. | |
| | | 171 | 东方泽泻 *Alisma orientale* (Samuel.) Juz. |
| 三十一 | | | 禾本科 Gramineae |
| | （九十） | 梯牧草属 *Phleum* L. | |
| | | 172 | 梯牧草 *Phleum pratense* L. |
| | （九十一） | 芨芨草属 *Achnatherum* Beauv. | |
| | | 173 | 醉马草 *Achnatherum inebrians*(Hance) Keng |
| | | 174 | 羽茅 *Achnatherum sibiricum* (L.) Keng |
| 三十二 | | | 百合科 Liliaceae |
| | （九十二） | 顶冰花属 *Gagea* Salisb. | |
| | | 175 | 镰叶顶冰花 *Gagea fedtschenkoana* Pasch. |
| | （九十三） | 郁金香属 *Tulipa* L. | |
| | | 176 | 伊犁郁金香 *Tulipa iliensis* Regel |
| | | 177 | 新疆郁金香 *Tulipa sinkiangensis* Z. M. Mao |
| | | 178 | 垂蕾郁金香 *Tulipa patens* Agardh. ex Schult. |
| | | 179 | 柔毛郁金香 *Tulipa biflora* Pallas |
| 三十三 | | | 鸢尾科 Iridaceae |
| | （九十四） | 番红花属 *Crocus* L. | |
| | | 180 | 白番红花 *Crocus alatavicus* Regel et Sem. |
| | （九十五） | 鸢尾属 *Iris* L. | |
| | | 181 | 喜盐鸢尾 *Iris halophila* Pall. |

## 附录2 博乐市有害植物名录

| 序号 | 科名 | 属名 | 种名 |
|------|------|------|------|
| 一 | | | 蓼科 Polygonaceae |
| （一） | 木蓼属 *Atraphaxis* L. | | |
| 1 | | | 刺木蓼 *Atraphaxis spinosa* L. |
| 二 | | | 小檗科 Berberidaceae |
| （二） | 小檗属 *Berberis* L. | | |
| 2 | | | 黑果小檗 *Berberis atrocarpa* Schneid. |
| 3 | | | 红果小檗 *Berberis nummularia* Bunge |
| 三 | | | 山柑科 Capparidaceae |
| （三） | 山柑属 *Capparis* L. | | |
| 4 | | | 山柑 *Capparis spinosa* L. :K. C. Kuan |
| 四 | | | 十字花科 Cruciferae |
| （四） | 独行菜属 *Lepidium* L. | | |
| 5 | | | 钝叶独行菜 *Lepidium obtusum* Basiner |
| （五） | 大蒜芥属 *Sisymbrium* L. | | |
| 6 | | | 新疆大蒜芥 *Sisymbrium loeselii* L. |
| 五 | | | 蔷薇科 Rosaceae |
| （六） | 绣线菊属 *Spiraea* L. | | |
| 7 | | | 金丝桃叶绣线菊（兔儿条）*Spiraea hypericifolia* L. |
| 8 | | | 大叶绣线菊（石蚕叶绣线菊）*Spiraea chamaedryfolia* L. |
| （七） | 悬钩子属 *Rubus* L. | | |
| 9 | | | 树莓（多腺悬钩子）*Rubus phoenicolasius* Maxim. |
| 10 | | | 黑果悬钩子 *Rubus caesius* L. |
| （八） | 水杨梅属 *Geum* L. | | |
| 11 | | | 水杨梅（路边青）*Geum chiloense* Balb. ex Ser. |
| 12 | | | 紫萼水杨梅 *Geum rivale* L. |
| （九） | 沼委陵菜属 *Comarum* L. | | |
| 13 | | | 西北沼委陵菜 *Comarum salesovianum* (Steph.) Asch. et Gr. |
| （十） | 蔷薇属 *Rosa* L. | | |
| 14 | | | 多刺蔷薇（密刺蔷薇）*Rosa spinosissima* L. |
| 15 | | | 宽刺蔷薇 *Rosa platyacantha* Schrenk |
| 16 | | | 落花蔷薇 *Rosa beggeriana* Schrenk |
| 17 | | | 伊犁蔷薇 *Rosa silverhjelmii* Schrenk |

（续表）

| 序号 | 科名 | 属名 | 种名 |
|---|---|---|---|
| 18 | | | 腺齿蔷薇 *Rosa albertii* Regel |
| 19 | | | 疏花蔷薇 *Rosa laxa* Retz. |
| 20 | | | 樟味蔷薇 *Rosa cinnamomea* L. |
| 21 | | | 腺毛蔷薇（腺果蔷薇）*Rosa fedtschenkoana* Regel |
| 六 | | | 豆科 Leguminosae |
| | （十一） | 草木樨属 *Melilotus* Miller | |
| 22 | | | 白花草木樨 *Melilotus albus* Desr. |
| 23 | | | 草木樨（黄花草木樨）*Melilotus officinalis* (L.) Pall. |
| 24 | | | 细齿草木樨 *Melilotus dentate* (Waldstein & Kitaibel) Persoon |
| | （十二） | 铃铛刺属 *Halimodendron* Fisch. ex DC. | |
| 25 | | | 铃铛刺（盐豆木）*Halimodendron halodendron* (Pall.) Voss |
| | （十三） | 锦鸡儿属 *Caragana* Fabr. | |
| 26 | | | 白皮锦鸡儿 *Caragana leucophloea* Pojark. |
| 27 | | | 鬼箭锦鸡儿 *Caragana jubata* (Pall.) Poir. |
| | （十四） | 骆驼刺属 *Alhagi* Gagneb. | |
| 28 | | | 疏叶骆驼刺（骆驼刺）*Alhagi sparsifolia* Shap. |
| 七 | | | 白刺科 Nitrariaceae |
| | （十五） | 白刺属 *Nitraria* L. | |
| 29 | | | 白刺（唐古特白刺）*Nitraria tangutorum* Bobr. |
| 30 | | | 西伯利亚白刺（小果白刺）*Nitraria sibirica* Pall. |
| 八 | | | 蒺藜科 Zygophyllaceae |
| | （十六） | 蒺藜属 *Tribulus* L. | |
| 31 | | | 蒺藜 *Tribulus terrestris* L. |
| 九 | | | 旋花科 Convolvulaeae |
| | （十七） | 旋花属 *Convolvulus* L. | |
| 32 | | | 灌木旋花 *Convolvulus fruticosus* Pall. |
| 33 | | | 刺旋花 *Convolvulus tragacanthoides* Turcz. |
| 十 | | | 紫草科 Boraginaceae |
| | （十八） | 勿忘草属 *Myosotis* L. | |
| 34 | | | 草原勿忘草 *Myosotis suaveolens* W. et K. |
| | （十九） | 鹤虱属 *Lappula* V. Wolf. | |
| 35 | | | 白花鹤虱 *Lappula macra* M. Pop. ex N. Pavl. |
| 36 | | | 细刺鹤虱 *Lappula tenuis* (Ledeb.) Gurke |
| 37 | | | 卵盘鹤虱 *Lappula redowskii* (Hornem.) Greene |

（续表）

| 序号 | 科名 | 属名 | 种名 |
|---|---|---|---|
| | （二十） | 糙草属 *Asperugo* L. | |
| 38 | | | 糙草 *Asperugo procumbens* L. |
| 十一 | | | 茄科 Solanaceae |
| | （二十一） | 枸杞属 *Lycium* L. | |
| 39 | | | 黑果枸杞 *Lycium ruthenicum* Murray |
| 40 | | | 宁夏枸杞 *Lycium barbarum* L. |
| 十二 | | | 菊科 Compositae |
| | （二十二） | 苍耳属 *Xanthium* L. | |
| 41 | | | 苍耳 *Xanthium strumarium* Patrin. ex Widder |
| 42 | | | 刺苍耳 *Xanthium spinosum* L. |
| 43 | | | 意大利苍耳 *Xanthium strumarium* subsp. *italicum* (Moretti) D. Löve |
| | （二十三） | 蒿属 *Artemisia* Linn. | |
| 44 | | | 北艾 *Artemisia vulgaris* L. |
| | （二十四） | 牛蒡属 *Arctium* L. | |
| 45 | | | 牛蒡 *Arctium lappa* L. |
| 46 | | | 毛头牛蒡 *Arctium tomentosum* Mill. |
| | （二十五） | 翅膜菊属 *Alfredia* Cass. | |
| 47 | | | 薄叶翅膜菊 *Alfredia acantholepis* Kar. et Kir. |
| | （二十六） | 蓟属 *Cirsium* Mill. | |
| 48 | | | 莲座蓟 *Cirsium esculentum* (Sievers) C. A. Mey. |
| 49 | | | 准噶尔蓟 *Cirsium alatum* (S. G. Gmel.) Bobr. |
| 50 | | | 赛里木蓟 *Cirsium sairamense* (C. Winkl.) O. et B. Fedtsch. |
| 51 | | | 丝路蓟 *Cirsium arvense* (L.) Scop. |
| | （二十七） | 飞廉属 *Carduus* L. | |
| 52 | | | 飞廉 *Carduus nutans* L. |
| 53 | | | 丝毛飞廉 *Carduus crispus* L. |
| 十三 | | | 禾本科 Gramineae |
| | （二十八） | 三芒草属 *Aristida* L. | |
| 54 | | | 三芒草 *Aristida adscensionis* L. |
| | （二十九） | 针茅属 *Stipa* L. | |
| 55 | | | 新疆针茅 *Stipa sareptana* Beck. |
| 56 | | | 沙生针茅 *Stipa caucasica* subsp. *glareosa* (P. A. Smirnov) Tzvelev |
| 57 | | | 镰芒针茅 *Stipa caucasica* Schmalh. |
| 58 | | | 东方针茅 *Stipa orientalis* Trin. |

（续表）

| 序号 | 科名 | 属名 | 种名 |
|---|---|---|---|
| 59 | | | 长羽针茅 *Stipa kirghisorum* P. Smirn. |
| 十四 | | | 百合科 Liliaceae |
| （三十） | | 葱属 *Allium* L. | |
| 60 | | | 碱韭 *Allium polyrhizum* Turcz. ex Regel |
| 61 | | | 镰叶韭 *Allium carolinianum* DC. |
| 62 | | | 蓝苞葱 *Allium atrosanguineum* Schrenk |
| 63 | | | 北葱 *Allium schoenoprasum* L. |
| 64 | | | 棱叶韭 *Allium caeruleum* Pall. |

（续表）

# 参考文献

[1]陈冀胜,郑硕.中国有毒植物[M].北京:科学出版社,1987.

[2]史志诚.中国草地重要有毒植物[M].北京:中国农业出版社,1996.

[3]赵宝玉,莫重辉.天然草原牲畜毒害草中毒防治技术[M].杨凌:西北农林科技大学出版社,2016.

[4]孙健,李进,彭子模.新疆有毒植物资源研究[J].新疆师范大学学报(自然科学版),2004,23(3):61-70.

[5]刘兴义,张云玲.新疆草原植物图鉴—博乐卷[M].北京:中国林业出版社,2016.

[6]王力,高杉,周俗,等.青藏高原东南部天然主要有毒植物调查研究[J].西北植物学报,2006, 26(7):1428-1435.

[7]新疆植物志编辑委员会.新疆植物志(第1卷)[M].乌鲁木齐:新疆科技卫生出版社,1992.

[8]新疆植物志编辑委员会.新疆植物志(第2卷,第1分册)[M].乌鲁木齐:新疆科技卫生出版社,1994.

[9]新疆植物志编辑委员会.新疆植物志(第2卷,第2分册)[M].乌鲁木齐:新疆科技卫生出版社,1995.

[10]新疆植物志编辑委员会.新疆植物志(第3卷)[M].乌鲁木齐:新疆科学技术出版社,2011.

[11]新疆植物志编辑委员会.新疆植物志(第4卷)[M].乌鲁木齐:新疆科学技术出版社,2004.

[12]新疆植物志编辑委员会.新疆植物志(第5卷)[M].乌鲁木齐:新疆科技卫生出版社,1999.

[13]新疆植物志编辑委员会.新疆植物志(第6卷)[M].乌鲁木齐:新疆科技卫生出版社,1996.

[14]许鹏.新疆草地资源及其利用[M].乌鲁木齐:新疆科技卫生出版社,1993.

[15]崔乃然.新疆主要饲用植物志(第一册)[M].乌鲁木齐:新疆人民出版社,1990.

[16]崔乃然.新疆主要饲用植物志(第二册)[M].乌鲁木齐:新疆科技卫生出版社,1994.

[17]陈蜀江.新疆夏尔希里自然保护区综合科学考察[M].乌鲁木齐:新疆科技卫生出版社,2006:173-206.

[18]刘雪松,宋积成,朱蓉雪,等.天祝草原主要有毒植物及其药用价值[J].草业科学,2014,31(03):543-550.

[19]张建生,田珍,楼之芩.十二种国产麻黄的品质评价[J].药学学报,1989,24(11):865-871.

[20]陈华,李援朝.假木贼属植物化学成分及生物活性研究进展[J].天然产物研究与开发,2004,16(6):585-589.

[21]严杜建,周启武,路浩,等.新疆天然草地毒草灾害分布与防控对策[J].中国农业科学,2015,48(3):565-582.

[22]赵德云,张清斌,李捷,等.新疆天然草地有毒植物及其防除与利用[J].草业科学,1997,14(4):1-2.

[23]肖培根,王峰鹏,高峰,等.中国乌头属植物药用亲缘学研究[J].植物分类学报,2006,44(1):1-46.

[24]耿婷,丁安伟,张丽.大戟属植物的研究进展[J].中华中医药学刊,2008,26(11):2433-2435.

[25]朱燕丽,李博,张雨,等.翠雀内生真菌分离鉴定及分布特性研究[J].畜牧兽医学

报,2020,51(9):2302-2311.

[26]郭亚洲,张睿涵,孙暸,等.甘肃天然草地毒草危害、防控与综合利用[J].草地学报,2017,25(2):243-256.

[27]刘利红.内蒙古有毒植物资源及两种有毒植物的化感作用研究[D].呼和浩特:内蒙古农业大学,2016.

[28]王春庆.青海省草原棘豆属有毒植物危害调查[J].草地保护,2008(7):34-38.

[29]刘悦秋.异株荨麻引种栽培及可利用价值研究[D].北京:北京林业大学,2007.

[30]浮晶晶.四种橐吾属植物生物碱成分和营养成分分析及其毒性评价[D].杨凌:西北农林科技大学,2020.

[31]赵宝玉.我国黄芪属有毒植物及其对家畜的危害[J].中国兽医杂志,1994,20(4):15-16.

[32]赵世姣,赵红阳,高丹,等.西藏昌都地区天然草地有毒植物调查[J].草地学报,2017,25(6):1389-1392.

[33]何静.新疆阿勒泰地区毒害草的种群与分布[D].乌鲁木齐:新疆农业大学,2015.

[34]孙仁爽,赵敏婧,张傲文.长白山区有毒植物资源调查研究[J].人参研究,2018(6):44-49.

[35]王庆海,李翠,庞卓,等.中国草地主要有毒植物及其防控技术[J].草地学报,2013,21(5):831-841.

[36]胡小英.入侵植物意大利苍耳对干旱胁迫的形态及生理响应[D].沈阳:沈阳大学,2018.

[37]杜珍珠,徐文斌,阎平,等.新疆苍耳属3种外来入侵新植物[J].新疆农业科学,2012,49(5):879-886.

[38]王文采.中国毛茛属修订（一）[J].植物研究,1995,15(2):137-180.

[39]王文采.中国毛茛属修订（二）[J].植物研究,1995,15(3):275-329.

[40]杨元华,刘静,韩汝春,等.白番红花球茎提取物对小鼠急性毒性的实验研究[J].药物研究(中国民族民间医药),2015:23(27).

[41]黄振燕,梁秀梅,王伟共,等.呼伦贝尔草地主要有毒植物及其开发利用[J].中国野生植物资源,2008,27(3):21-24.

[42]段小兵.新疆艾比湖流域植物资源研究及其保护[D].乌鲁木齐:新疆大学,2011.

[43]王哲.中国大黄属植物亲缘学研究[D].北京:北京协和医学院研究生院,2011.

[44]宋冬梅,孙启时.阿尔泰金莲花化学成分的研究[J].中国药物化学杂志,2004(4):233-235.

[45]张亚平.乌鲁木齐有毒有害植物[M].奎屯:伊犁人民出版社,2015:4-11.

[46]孙琛,高昂,巩江,等.野豌豆属植物药学研究概况[J].安徽农业科学,2011,39(14):8386-8394.

[47]尚远宏,田金凤.大叶白麻的有效成分及其降压作用[J].广州化工,2020,48(20):4-5(9).

[48]朱亚民.内蒙古植物药志(第二卷)[M].呼和浩特:内蒙古人民出版社,1989:241.

[49]严仲铠,李万林.中国长白山药用植物彩色图志[M].北京:人民卫生出版社,1997.

[50]敬松,刘秋琼.昭苏亚高原野生药用植物图谱[M].北京:中国中医药出版社,2019:62-63.

[51]舒平斯卡娅.生药学教科书[M].北京:人民卫生出版社,1957:297-303.

[52]王亚南,白永霞,张海峰.尼勒克蜜粉源植物的分布与种类[J].中国蜂业,2016,67(7):43-45.

[53]段国强.中国文物收藏百科全书(陶瓷卷)[M].济南:山东美术出版社,2015:71-72.

[54]顾茂芝.西藏农牧业先进实用技术手册(畜牧分册)[M].拉萨:西藏人民出版社,2003:8.

[55]李勇,李亚林,段志明.中华人民共和国区域地质调查报告[M].北京:地质出版社,2015:222.

[56]阿里地区地方志编纂委员会.阿里地区志(上)[M].北京:中国藏学出版社,2009:87.

[57]解新明.草资源学[M].广州:华南理工大学出版社,2009:189-191.

[58]巴哈尔古丽·黄尔汗,徐新.哈萨克药志(第二卷)[M].北京:中国医药科技出版社,2012:194-197(84).

[59]朱亚民.内蒙古植物药志(第一卷)[M].呼和浩特:内蒙古人民出版社,2000:265.

[60](明)李时珍,图解本草纲目[M].海口:南方出版社,2010.

[61]李建秀,周凤琴,张照荣.山东药用植物志[M].西安:西安交通大学出版社,2013:129-131.

[62]梅全喜.现代中药药理与临床应用手册(第三版)[M].北京:中国中医药出版社,2016:533-534.

[63]陈仁寿,吴昌国,唐德才.毒性本草类纂[M].北京:人民军医出版社,2012:485-487.

[64]张鑫.水杨梅化学成分及生物活性研究[D].西安:陕西科技大学,2013.

[65]李娃,杨春娟,成聪聪,等.基于网络药理学技术的中药地榆活性成分及药理作用研究[J].世界科学技术:中医药现代化,2019,21(7):1336-1345.

[66]彭静波.红车轴草和白车轴草化学成分研究[D].沈阳:沈阳药科大学,2008.

[67]于婷,高新磊,韩冰,等.苦马豆化学成分及应用研究进展[J].内蒙古农业科技,2010(4):93-95.

[69]薛华茂,钱学射,张卫明,等.罗布麻的化学成分研究进展[J].中国野生植物资源,2005,24(4):6-12.

[70]张大伟,邢更妹,熊友才,等.山黧豆毒素ODAP的生物合成及与抗逆性关系研究进展[J].生态学报,2011,31(9):2621-2630.

[71]田静,卢永昌,曾擎毅,等.柳兰化学成分与生物活性研究进展[J].中成药,2017,39(2):369-372.

[72]聂安政,林志健,王雨,等.秦艽化学成分及药理作用研究进展[J].中草药,2017,48(3):597-608.

[73]杨婕,马骧,周东星,等.达乌里秦艽化学成分的研究[J].中草药,2006,37(2):187-189.

[74]方慧瑾,吴巍,祝宇杰,等.夏至草化学成分研究进展[J].亚太传统医药,2016,12(22):29-31.

[75]田童,王峥涛,杨颖博.块根糙苏化学成分及降糖活性研究[J].中草药,2020,51(12):3131-3137.

[76]张永红,汪涛,芦志刚,等.鼬瓣花化学成分研究[J].中国中药杂志,2002,27(3):206-208.

[77]贾红丽,计巧灵,张丕鸿,等.新疆拟百里香挥发油的气相色谱-质谱分析[J].质谱学报,2008,29(1):36-41.

[78]马莉.7种百里香精油的化学型及其遗传关系的ISSR分析[D].上海:上海交通大学,2009.

[79]张有林,张润光,钟玉.百里香精油的化学成分、抑菌作用、抗氧化活性及毒理学特性[J].中国农业科学,2011,44(9):1888-1897.

[80]富象乾,乾秉文.中国北部天然草原有毒植物综述[J].中国草原与牧草,1985,2(3):18-24.

[81]赵宝玉,刘忠艳,万学攀,等.中国西部草地毒草危害及治理对策[J].中国农业科学,2008,41(10):3094-3103.

[82]崔大方.植物分类学[M].北京:中国农业出版社,2006:116-122.

[83]李维林,梁呈元.薄荷属植物研究与利用[M].南京:江苏凤凰科学技术出版社,2018.

[84]史志诚,赵宝玉,达能太.有毒植物史[C]//毒理学史研究文集(第十一集)——全国第四届毒理学史与毒物管理研讨会论文集,2012.

[85]高坤,李旭琴,刘安,等.西北高寒植物长果婆婆纳的化学成分[J].西北植物学报,2003,23(4):633-636.

[86]王恒,邵明会,元思文,等.轮叶马先蒿的环烯醚萜苷成分及其抗补体活性[J].中药材,2018,41(10):2349-2353.

[87]袁着耕.刺苍耳化感作用及活性成分研究[D].伊宁:伊犁师范学院,2018.

[88]赵杨.牛蒡化学成分的研究[D].齐齐哈尔:齐齐哈尔大学,2013.

[89]张浩科.毛头牛蒡子化学成分与生物活性初步研究[D].乌鲁木齐:新疆医科大学,2011.

[90]张玲,贾琦珍,陈根元.新疆喜盐鸢尾化学成分预试及薄层色谱分析[J].湖北农业科学,2015,54(7):1702-1706.

[91]刘国钧.麻黄[M].北京:中国中医药出版社,2001:80-91.

[92]高远,李隔萍,施宏,等.感染内生真菌的羽茅对大针茅的化感作用[J].生态学报,2017,37(4):1063-1073.

[93]沈茂才.秦岭植物园科学考察报告[M].西安:陕西科学技术出版社,2008:262-272.

[94]刘珊珊,郭杰,李宗艾,等.泽泻化学成分及药理作用研究进展[J].中国中药杂志,2020,45(7):1578-1595.

[95]中国医学百科全书编辑委员会编.维吾尔医学[M].上海:上海科技出版发行有限公司,2005.

[96]崔征.生药学[M].北京:中国医药科技出版社,1996.

[97]陈士林.中华医学百科全书——中药资源学[M].北京:中国协和医科大学出版社,2018.

[98]顾健.中国藏药[M].北京:民族出版社,2016.

[99]郭宏昌.中草药抗肿瘤便览[M].乌鲁木齐:新疆人民卫生出版社,2014.

[100]齐洪雨,邱念伟.常见植物性食品毒素概述[J].现代农业科技,2015(7):302-303(307).

[101]侯恩太,倪士峰,贾娜,等.食用植物天然毒性成分概况[J].畜牧与饲料科学,2009,30(1):151-152.

[102]杨玲玲.天山花楸化学成分的研究[D].乌鲁木齐:新疆医科大学,2008.

[103]张少峰,武彦义.扁果草属植物的化学成分和药理活性研究进展[J].阴山学刊,2005,19(1)49-52.

[104]https://zhuanlan.zhihu.com/p/260907575.

[105]https://www.aspca.org/pet-care/animal-poison-control/cats-plant-list.